国家中等职业教育改革发展示范学校建设项目著作成果十二

职业传承人 · 创才培育系列

王继涛◎主编

电工培训

经济日报出版社

图书在版编目（CIP）数据

电工培训 ／ 王继涛主编 . —北京：经济日报出版
社，2015.9
ISBN 978 - 7 - 80257 - 871 - 5

Ⅰ.①电… Ⅱ.①王… Ⅲ.①电工技术—技术培训—
教材 Ⅳ.①TM

中国版本图书馆 CIP 数据核字（2015）第 222183 号

电工培训

作　　者	王继涛
责任编辑	张　丹
出版发行	经济日报出版社
地　　址	北京市西城区右安门内大街 65 号（邮政编码：100054）
电　　话	010 - 63567960（编辑部）63516959（发行部）
网　　址	www.edpbook.com.cn
E - mail	edpbook@126.com
经　　销	全国新华书店
印　　刷	北京天正元印务有限公司
开　　本	1/16
印　　张	8
字　　数	128 千字
版　　次	2015 年 9 月第一版
印　　次	2015 年 9 月第一次印刷
书　　号	ISBN 978 - 7 - 80257 - 871 - 5
定　　价	22.00 元

编 委 会

主　　编：王继涛
副 主 编：王绍侠
参编人员：崔　华　　王渊伟　　彭文化
　　　　　王继锋　　张卫东

编写说明和计划

一、学生的基本情况

1. 学生基础很差,中招考试成绩多数不到 300 分,甚至不到 200 分,极少数学生初中没有毕业。

2. 学生个人习惯不好,没有理想抱负,不思进取,遇到困难就退却。

二、教材存在的问题

1. 现有教材难度大,大多数学生学不会,进而出现厌学、弃学现象。

2. 原有教材知识跨度大,起点高,不适合我校学生使用。

3. 原有教材对基础知识的讲解偏少,是造成学生厌学的原因之一。

三、编写说明

针对存在的问题和我校的实际情况,机电一体化中德班计划编写一本以基础知识为主、适合学生使用的校本教材,该教材是对原有教材的补充。

目　录
CONTENTS

第一章

电工基础

第一节　电路的基本形式

一、电路的构成

1. 电路的组成:电源、用电器、开关、导线。

(1)电源是提供电能的装置。(2)用电器是消耗电能的装置。如电风扇、洗衣机等。(3)开关是控制电路的通断。(4)导线是电流的路径。

2. 电路中形成电流的条件:(1)电源(2)电路是闭合的。

二、串联电路和并联电路是电路连接的两种基本方式

把用电器逐个顺次连接起来的电路,叫做串联电路;把用电器并列地连接起来的电路,叫做并联电路。

三、串联电路和并联电路的特点

在串联电路中:

1. 各用电器不能独立工作。

2. 在串联电路中电流只有一条路径。

在并联电路中:

1. 各支路的用电器可以独立工作,互不影响。

2. 干路开关控制整个电路,支路开关只能控制本支路。

3. 电流路径至少有两条。

四、电路图

1. 电路图:用规定符号表示电路连接的图。

2. 画电路图的要求:元件位置安排要适当,分布要均匀,元件不要画在拐角处。整个电路图最好呈长方形,有棱有角,导线要横平竖直。

3. 在连接实物图时导线要连接到元件的接线柱上,并且导线不允许交叉。

五、图 1 - 1 - 1 是一些常用的电路元件和符号：

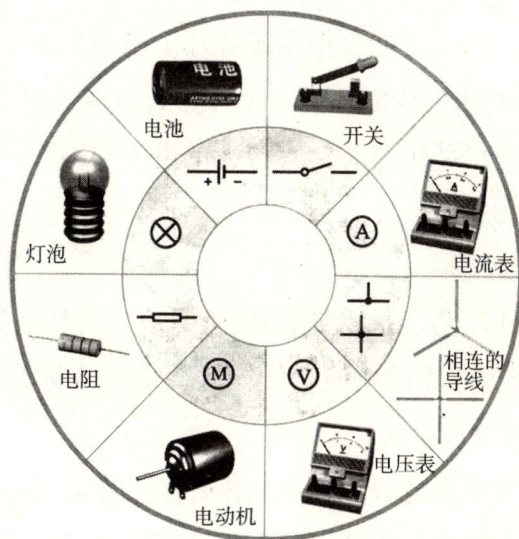

图 1 - 1 - 1

六、电路的三种状态：通路、断路和短路

通路：接通的电路叫通路。这时，电路是闭合的，且处处有持续的电流。

断路：断开的电路叫断路，假如电路某处断开了，电路中就没有了电流。

短路：直接用导线把电源的两极（或用电器的两端）连接起来

的电路叫短路。

（1）短路的分类

短路有两种形式：一是整体短路，也称电源短路，它是指用导线直接连接在电源的正负极上，此时电流不通过任何用电器而直接构成回路，电流会很大，可能会把电源烧坏。二是局部短路，它是指用导线直接连接在用电器的两端。此时电流不通过电器而直接通过这根导线。发生局部短路时会有很大的电流。因此，短路状态是绝对不允许出现的。

（2）短路的实质

无论是整体短路还是局部短路，都是电流直接通过导线而没有通过用电器，使电路中的电流增大。这就是短路的实质。

（3）短路的分析方法

有时短路发生得比较隐蔽，一眼不容易看出，如何分析呢？可以采取电流优先流向分析法。如果电流有两条路径可供选择，一条路径全部是导体，一条路径中含有用电器，那么电流总是优先通过导线。具体的分析方法是：当电路构成通路时，电流从电源的正极出发，它总是优先通过导体并且能够回到电源的负极，便构成电源短路或用电器短路。

（4）短路故障的判断方法

短路是一种常见的电路故障，由于发生短路时电流没有通过用电器，导致用电器的电压为零，这就是发生短路的特征。此时可用电压表测量用电器两端的电压，若此处电压为零，则可能短路。

第二节 电压、电流、电阻的规律

一、电压

1. 电源是提供电压的装置,电压是形成电流的原因。

2. 单位是:伏特简称伏(V)常用单位:千伏(kV),毫伏(mV)

$1kV = 10^3 V = 10^6 mV$。

3. 电压的测量

用电压表(或万用表)测量电压,电压表的使用方法:

(1)电压表必须并联在待测电路的两端。

(2)应使电流从电压表的"+"接线柱流入,从"-"接线柱流出。

(3)被测电压的大小不能超出电压表量程,一般先选用大量程进行试触,如电压表的示数在小量程范围内,则改用小量程。

使用万用表时只需把选择开关调到电压档即可。

4. 串联电路电压的规律

串联电路两端的总电压等于各部分电路两端电压的和。公式:$U = U_1 + U_2$。

5. 并联电路电压的规律

并联电路各支路两端的电压都相等。$U = U_1 = U_2 = U_3$。

二、电流

1. 串联电路电流的规律

串联电路中电流处处相等。即：$I_1 = I_2 = I_3$。

2. 并联电路电流的规律

并联电路中，干路电流等于各支路电流之和。即：I 总 $= I_1 + I_2$。

3. 电流的测量

电流表的连接

(1)电流表应串联在电路中。

(2)所测电流不要超过电流表的量程。（注意：如果预先不知道所测电流的大小，要用"试触法"试触选择合适的量程）

(3)电流必须从"+"接线柱流进去，从"-"接线柱流出来。

若反接，表针会向左偏转，这样不但无法读数，有时候还会损坏电流表。

(4)任何情况下都不能使电流表直接连到电源两极上。

电流表的读数

(1)明确电流表的量程。即电流表的接线柱连的是0~0.6A还是0~3A的量程。

(2)确定电流表的分度值。如果用0~0.6A的量程，每大格代表0.2A，每个小格代表0.02A；如果用0~3A的量程，每大格代表1A，每个小格代表0.1A。

(3)接通电路后，看看表针向右总共偏过了多少个小格，这样就能快速、准确的知道电流多少了。

三、电阻

1. 电阻——用来表示导体对电流阻碍作用的大小的物理量,用字母 R 表示。

2. 在国际单位制里,电阻的单位是欧姆,简称欧,符号 Ω。

3. 除欧姆外,电阻还有两个比较大的单位:千欧(KΩ),兆欧(MΩ)。

$$1K\Omega = 1000\Omega, 1M\Omega = 10^3 K\Omega = 10^6 \Omega$$

4. 在电路中,电阻的符号是:—▭—

5. 电阻是导体本身的一种性质,和导体两端有无电压,导体中是否有电流通过无关。

四、决定电阻大小的因素

导体的电阻与导体的材料、长度、横截面积有关,相同材料时,导体越长、横截面积越小,导体的电阻就大。

根据研究表明,导体的电阻还与温度有关,一般导体的电阻随温度升高,电阻会变大,如金属导体。

某些材料的温度降低到一定程度时,电阻会突然消失. 这就是超导现象. 具有超导现象的导体叫做超导体。

6. 导体 绝缘体 半导体

不同的物质组成的物体导电能力不同,容易导电的物体叫做导体,不容易导电的物体叫做静止绝缘体,导电能力介于导体和绝缘体之间的叫做办导体。

各种金属、人体、大地、酸碱盐的水溶液等都是导体;橡胶、塑料、陶瓷、玻璃、纯净水等都是绝缘体;硅、锗等是半导体材料。

7. 电路中电阻的规律

串联电路的总电阻等于各部分电路的电阻之和,因为电路串联后相当于增加了导体的长度;并联电路总电阻的倒数等于各部分电阻倒数之和,总电阻小于任何一部分电阻,因为导体并联后相当于增加了导体的横截面积。

8. 欧姆定律

(1)定义:导体中的电流与导体两端的电压成正比,与导体的电阻成反比。

(2)欧姆定律公式 I = U/R

1A = 1V/1Ω

U 为电源电压,单位为伏(V);I 为通过导体的电流,单位为安(A);R 为导体的电阻,单位为欧(Ω)。

$$I = U/R \rightarrow \begin{cases} U = IR \\ R = \dfrac{U}{I} \end{cases}$$

2. 公式的物理意义

(1)欧姆定律公式 I = U/R 表示:加在导体两端的电压增大几倍,导体中的电流就随着增大几倍,当导体两端的电压保持不变时,导体的电阻增大几倍,导体中的电流就减为原来的几分之一。

(2)导出式 U = IR 表示导体两端的电压等于通过它的电流与其电阻的乘积。

（3）导出式 R = U/I 表示导体的电阻在数值上等于加在导体两端电压与其通过的电流的比值,由于同一导体的电阻一定,因此不能说成"导体的电阻与它两端的电压成正比,与通过它的电流成反比"。

拓展归纳:利用欧姆定律来解决问题时,要注意"同一性",即所谓电压、电流、电阻都是指同一个电阻,或者同一段电路而言的．另外还要求三个物理量的单位必须用国际单位。

第三节　电工常用名词

1. 电压:电场中的任意两点间的电位差,单位是伏特,用 KV、V、mV 表示。

2. 电流:导体中的自由电子在电场力的作用下,作有规则的定向运动,就形成了电流。

3. 电流强度:单位时间内通过导体截面的电荷量。

$$I = \frac{Q}{t}$$

单位是安培,用 KA、A、mA 表示。

4. 电阻:在电场力的作用下,电流在导体中流动时,所受到的阻力。

单位是欧姆,用 KΩ、Ω、MΩ。

5. 电阻率:$R = \rho \frac{L}{S}$

在 +20°C 时,长度为 1 米,截面积为 1 平方毫米的导线的电阻值。

6. 电感:是指线圈在磁场中活动时,所能感应到的电流的强度,单位是"亨利"(H)。

7. 自感:当线圈中有电流通过时,线圈的周围就会产生磁场。当线圈中电流发生变化时,其周围的磁场也产生相应的变化,此变化的磁场可使线圈自身产生感应电动势(电动势用以表示有源元件理想电源的端电压),这就是自感。

8. 互感:两个电感线圈相互靠近时,一个电感线圈的磁场变化将影响另一个电感线圈,这种影响就是互感。互感的大小取决于电感线圈的自感与两个电感线圈耦合的程度。

9. 感抗:交流电通过电感线圈时,线圈会产生感应电动势来阻止电流的变化,这种作用叫感抗,单位:欧姆。

$$XL = \frac{IL}{UL} = \omega L = 2\pi FL$$

10. 电容:是指容纳电场的能力。任何静电场都是由许多个电容组成,有静电场就有电容,电容是用静电场描述的。单位:法拉。

11. 容抗:交流电通过电容时,与感抗类似,也有阻碍电流通过的作用,这种作用叫容抗。单位:欧姆。

$$Xc = \frac{uc}{ic} = \frac{1}{2\pi fc}$$

12. 阻抗:在同一电路中,电阻、感抗、容抗都有阻碍交流电通过的作用,这种作用叫做阻抗。

$$z = \frac{u}{i} = \sqrt{r2 + (x1\_xc)2}$$

13. 短路:电源没有经负载通过导线连接,其危害极大。

14. 断路:电路中电源线连接断开。

15. 电功:在一段时间内,电场力所做的功,用 A 表示,单位是焦耳 J 或 Kwh。

$$1kwh = 3.6 \times 10^6 \text{ 焦耳}$$

16. 电功率:单位时间内电场力所做的功,用 P 表示,单位是 KW(W)。

$$P = \frac{A}{t}$$

1 马力 = 0.736 千瓦

1 千瓦 = 1.36 马力

17. 电流的热效应:当电流流过导体时,由于导体具有一定的电阻,就会消耗一定的电能,这些电能不断转化为热能,使导体温度升高,这种现象就叫电流的热效应。

$$Pr \text{ 热} = 0.24I^2R(卡/秒)$$

18. 电磁感应:导体在磁场中作切割磁力线运动时,导体内就会产生感应电动势,这种现象叫电磁感应。有电磁感应产生的电动势就感应电动势。

$$e = BLv$$

e 为感应电动势(伏)

B 为磁通密度(高斯)

L 为导线的有效长度(厘米)

v 为导线在垂直于磁力线的方向上运动的速度(cm/s)

19. 左手定则:又叫电动机定则,用来确定载流导体在磁场中的受力方向,伸平左手使拇指与四指垂直,手心向着磁场的 N 极,四指的方向与导体中电流的方向一致,那么拇指所指的方向即为导体在磁场中受力的方向(如图 1 – 3 – 1 所示)。

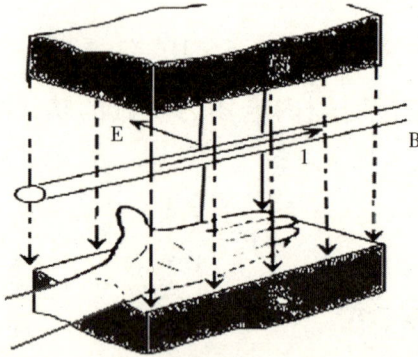

左手定则

图 1 – 3 – 1

20. 右手定则:又叫发电机定则,用来确定在磁场中运动的导体感应电动势的方向。伸平右手使拇指于四指垂直,手心向着磁场的 N 极,拇指的方向与导体运动方向一致,四指所指方向即为导体中感应电流的方向(如图 1 – 3 – 2 所示)。

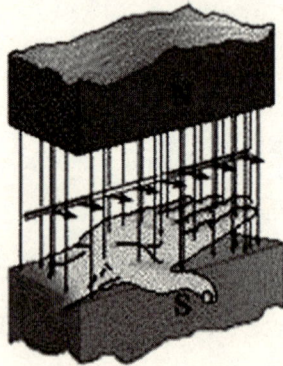

右手定则示意图

图 1 – 3 – 2

21. 直流电:大小和方向不随时间作有规律变化的电压和电流称之为直流电(如图 1 - 3 - 3 所示)。

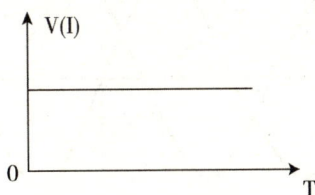

图 1 - 3 - 3

22. 交流电:大小和方向随时间作有规律变化的电压和电流称之为交流电。

23. 正弦交流电定义:随时间按着正弦函数规律变化的电压和电流,如图 1 - 3 - 4 所示:

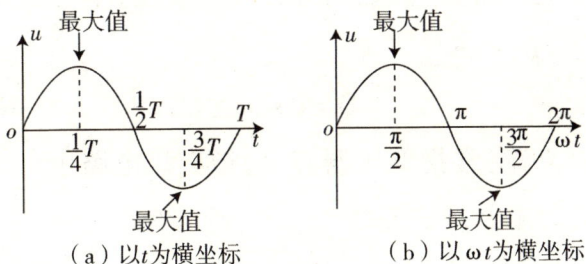

(a)以 t 为横坐标   (b)以 ωt 为横坐标

图 1 - 3 - 4

24. 正弦交流电的三要素(如图 1 - 3 - 5)。

(1)最大值——是指交流电在一个周期内出现的最大瞬时值,也叫振幅值;

(2)角频率——每秒变化的弧度数。

(3)初相位——交流电开始变化时角度

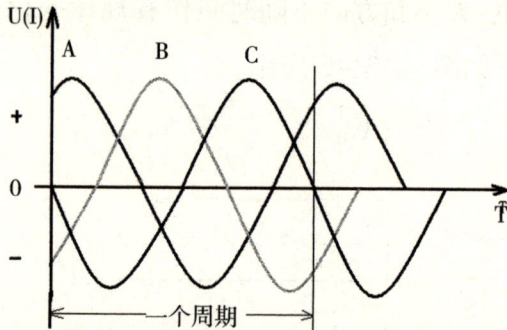

三相交流电的电压、电流的大小及方向在同一时间是不一样的

图 1 - 3 - 5

25. 有功功率:在交流电路中,电阻所消耗的功率,单位 w(kw 、MW)。

$$P = uicosa$$

26. 无功功率:与电源之间进行能量交换,本身并不消耗真正的能量,单位 var(kvar)。

$$Q = uisina$$

27. 视在功率:常指变压器容量,指交流电路中电压和电流的乘积(参考图 1 - 3 - 6),单位:vA(kVA)

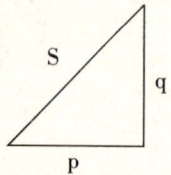

$$S = ui = \sqrt{p^2 + Q^2}$$

图 1 - 3 - 6

28. 功率因数定义:在交流电路中,电压与电流之间的相位角 a 的余弦叫功率因数。

$$cos\varphi = \frac{p}{s}$$

第四节　交流电路

1. 正弦交流电路中电压与电流的关系

电路	一般关系式	相位关系	大小关系
R	$U = RI$	ui $\theta = 0$	$I = \dfrac{u}{R}$
L	$U = L\dfrac{di}{dt}$	U $\theta = 90°$ i	$I = \dfrac{U}{X_L}$
C	$U = \dfrac{1}{c}\int idt$	i $\theta = -90°$ u	$I = \dfrac{u}{X_c}$
R、L 串联	$U = RI + L\dfrac{di}{dt}$	u I $\theta > 0$	$I = \dfrac{U}{\sqrt{R^2 + X_L{}^2}}$
R、C 串联	$U = RI + \dfrac{1}{c}\int idt$	u I $\theta < 0$	$I = \dfrac{U}{\sqrt{R^2 + X_L{}^2}}$
R、L、C 串联	$U = RI + L\dfrac{di}{dt} +$ $\dfrac{1}{c}\int idt$	<0 $\theta = 0$ <0	$I = \dfrac{U}{\sqrt{R^2 + (X_L - X_C)^2}}$

2. 功率、电压、阻抗三角形(参考图1-4-1)

$$S^2 = Q^2 + P^2$$

$$\cos\varphi = \frac{P}{S}$$

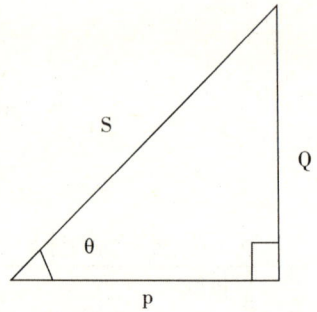

图 1-4-1

3. 什么是中性点位移

概念:在星形接线的供电系统中,电源的中性点 0 与负载的中性点之间产生的电位差,称之为中性点位移,这两点的电位差,称为位移电压。

危害:会造成变压器中性线承受过大的电流。

同时对供电质量没有保证,有可能烧毁单相用电电器,电机无法正常运转,在实际工作当中,负载大多是不对称的,所以变压器中性线也不允许断开。

4. 常用的电气符号(如图1-4-2所示):

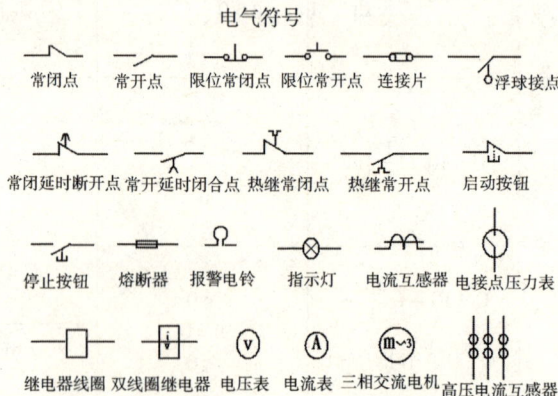

电气符号

常闭点 常开点 限位常闭点 限位常开点 连接片 浮球接点

常闭延时断开点 常开延时闭合点 热继常闭点 热继常开点 启动按钮

停止按钮 熔断器 报警电铃 指示灯 电流互感器 电接点压力表

继电器线圈 双线圈继电器 电压表 电流表 三相交流电机 高压电流互感器

图 1-4-2

5. 串联谐振：

R－L－C 串联的电路中，当 xl＝xc 时，则电路中的电压 u 与电流 i 的相位相同，此时，电路呈纯电阻性，这种现象叫做串联谐振。

$$Z = \sqrt{R^2 + (X_L - X_C)^2} = R \quad I_0 = \frac{U}{R} \quad I_0$$ 为谐振电流，电路中的总阻抗最小，而电流将达到最大，串联谐振又叫电压谐振，将会高出电网额定电压数倍的过电压，电感、电容谐振电路的品质因数可达几十甚至几百倍，那么，电感、电容两端的电压将会比外加电压大的很多，危害也极大，配电室值班人员责任重大，一定要防范谐振现象的发生。

第二章

常用电工仪表和安全用具

第一节　常用电工仪表

1. 电压表——主要用来测量电源和电路当中电压,起监视其与设备额定电压是否相符,三相电压是否平衡,应用过程当中要注意量程与线路电压和设备的额定电压相匹配,高电压测量要用 PT,10KV 系统用 10kv/100 的 PT,那么表的量程应为 12kv,PT 二次侧不允许短路。

如图 2 – 1 – 1 所示:

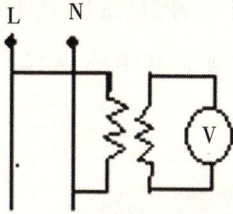

带 PT 接线原理图　　　　　　　　直测原理图

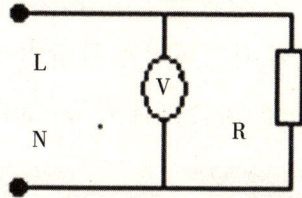

图 2 – 1 –1

2. 电流表——主要用来测量电路中和用电设备的电流,低压时,表的量程一般为工作电流的 1.5 倍左右,大电流或测量高压设备电流时,不可直接测量,应选用匹配的电流互感器 CT,二次侧电流5A,其与线路应串联,同时电流互感器的二次侧不允许开路(如图 2 – 1 – 2 所示)。

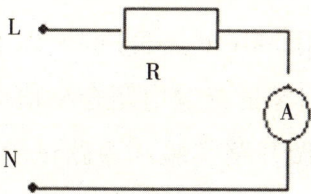

直测原理图

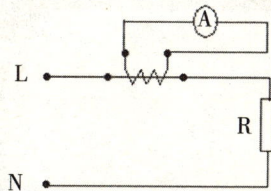

带 CT 测量原理图
图 2 – 1 –2

3. 万用表——主要用来测量线路电压、通断和线圈直流阻值，指针式万用表还可以测量电子元器件等，注意测量电压应从最高档往下测，否则会打坏表头（如图 2 - 1 - 3 所示）。

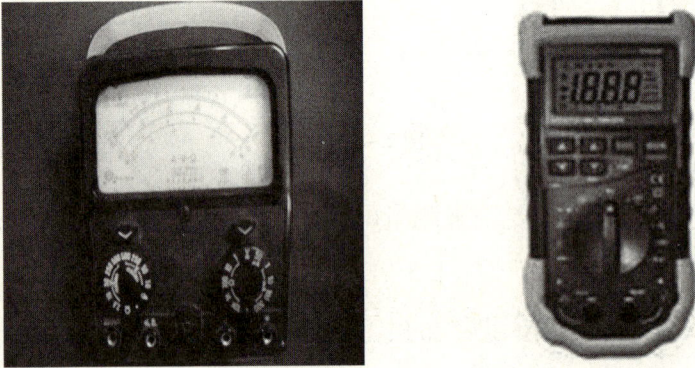

图 2 - 1 - 3

4. 绝缘摇表——也叫兆欧表，用来测量线路和电气的绝缘电阻，测量 500v 以下的电气设备，应选用 500vde 摇表，500v 以上的选用 1000v 或 2500v 的摇表，同时被测对象的绝缘电阻合格值应在摇表的测量范围之内，在测量前摇表应做开路实验和短路试验，每分钟 120 转，记录测量数据（如图 2 - 1 - 4 所示）。

图 2 - 1 - 4

5. 接地电阻测试仪——主要用来测量接地装置的接地电阻值和土壤的电阻率,有 5 米、20 米、40 米测试线(如图 2 - 1 - 5 所示)。

图 2 - 1 - 5

6. 钳形电流表——线路电流测量时,电流表是与线路串联的,极为不方便,所以,用钳形表可以在不断开线路的情况下来测量线路电流,但不允许用它去测量裸导线。选用量程应与被测对象匹配(如图 2 - 1 - 6 所示)。

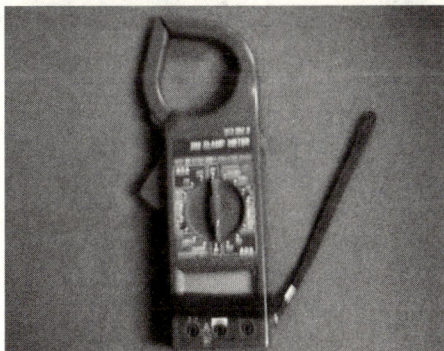

图 2 - 1 - 6

7. 电度表——电度表是用来计量电能的仪表,交流电度表分无功电能和有功电能计量,常用于单项及三相交流系统中的电能计量,有感应式和电子式,大功率设备时,电度表应匹配合适的互感器CT(如图 2 - 1 - 7 所示)。

电流互感器

单相电度表

三相电度表

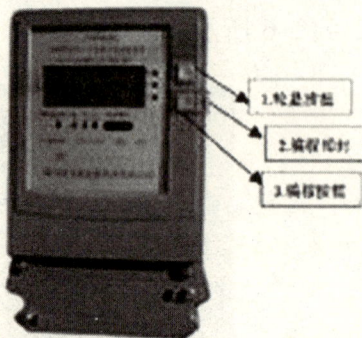

多费率计能表

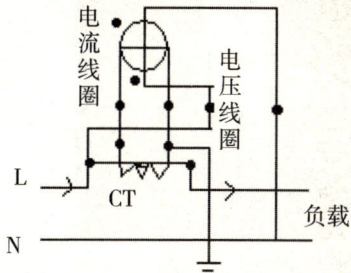

单相 CT 式电度表　　　　　　单相跳入式电度表

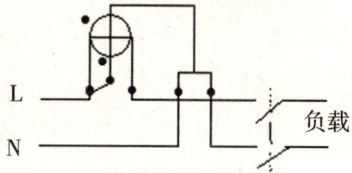

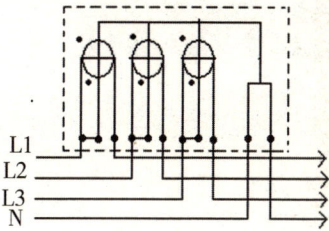

三相三元件电度表　　　　　　三相三元件带 CT 电度表

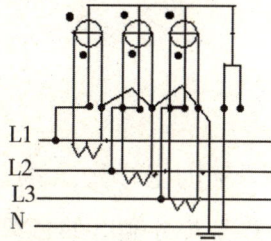

图 2 - 1 - 7

第二节　安全用具

1. 基本绝缘安全工具——绝缘足以抵御工作电压的常用工具,可带电作业。如图 2 - 2 - 1 所示:

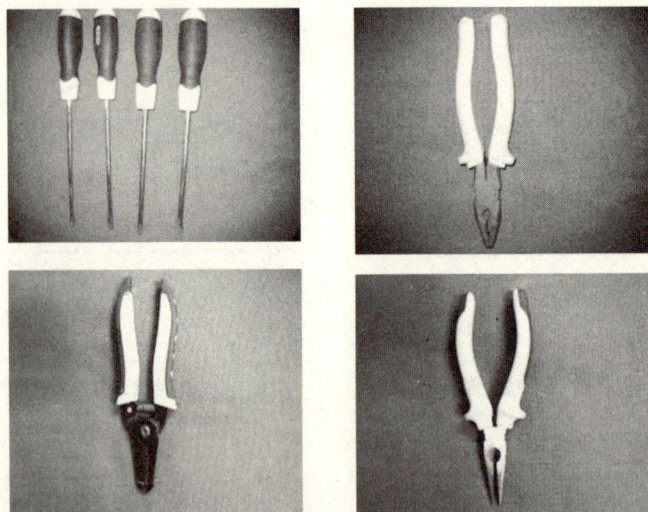

图 2 - 2 - 1

2. 辅助绝缘安全用具——其本身不足以抵御工作电压,但可减轻工作人员触电的危险性。如图 2 - 2 - 2 所示:

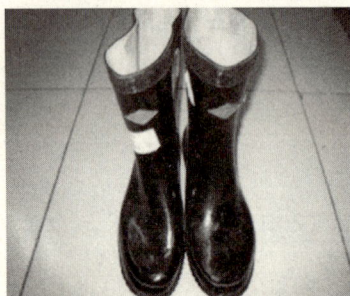

绝缘靴

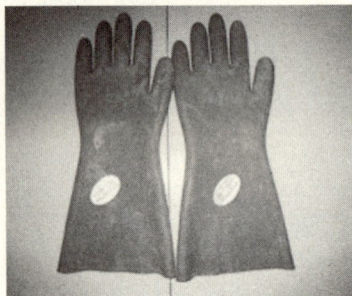

绝缘手套

24

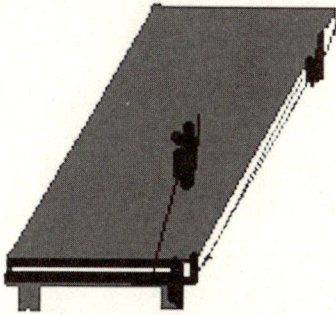

绝缘台 绝缘垫

图 2 – 2 – 2

3. 试电笔——用来检测线路或设备是否有电,是广大电工必备的常用工具,分为低压试电笔和高压试电笔,低压试电笔用来测量对地 250v 以下的线路和设备,对地在 250v 以上的应用高压试电笔,与被测量对象应匹配。如图 2 – 2 – 3 所示:

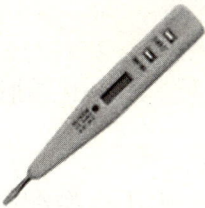

数字式试电笔　　　感应式试电笔　　　高压试电笔

图 2 – 2 – 3

第三章

低压电器

第一节　低压常用电器

1. 刀开关——俗称刀闸,常用于小负荷线路或设备,主要特点是有明显断开点,与熔断器组合成负荷开关。

2. 自动空开——主要以空气为灭弧介质,具备电磁脱扣和热脱扣,与按钮、继电器配合可实现远程控制。

3. DW 型空开——外形一般为框架式,用于小型配电室低压柜主进受电开关或一般大型设备,功能较全,有失压保护、自动从合闸和过载、短路保护功能,常用型号有 DW10、DW15、DW15X 型等。其原理图如图 3-1-1 所示。

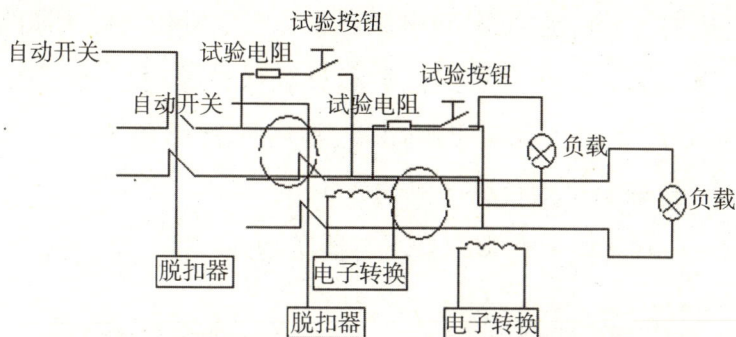

图 3 - 1 - 1

4. DZ 型空开——为定类塑料外壳密封小型断路器,短路保护为电磁脱扣,过载为热脱扣(延时特性),常用型号有 DZ10、DZ5、DZ20、DZX10 等。

5. 漏电保护器——用于人们经常接触外壳为金属的电器设备一旦发生漏电,而出现触电现象的线路上,主要保护人身安全,应定期维护。

6. 接触器——是继电器的一种,在远程控制中起重要作用分交流和直流,是常用的电器之一,分长期工作制,短时工作制,断续工作制,有主触头和辅助头,以空气为灭弧介质,选择容量一般为负载额定电流的1.3 - 2.0 倍。

7. 热继电器——它是利用电流的热效应原理,具有反时限保护的特性,一般用于设备的过负荷保护,保护方式有单极式、两极式、三级式,复位方式分自动和手动两种,其整定值可调,选择容量为负荷电流的1.5 倍左右,保护整定值,常开常闭点起断开和接通控制回路的作用。

8. 时间继电器——常用在电机控制回路上,起延时转换作用,

例如电机的 Y – 启动回路,双电源回路和双电机相互切换回路等,

9. 熔断器——具有短路保护和过载保护作用,一般用于低压回路,有开启式、封闭式、半封闭式,常用种类有 RC1A、RL1. RT0、RM10 等,选取容量为负荷电流的 2.5 倍。

图 3 – 1 – 2 是一些常用低压电器实物图:

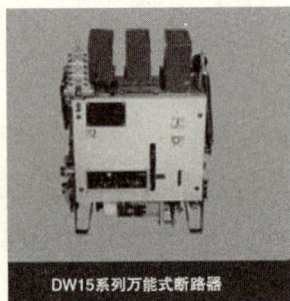

DW 型空开

DZ 型四极空开

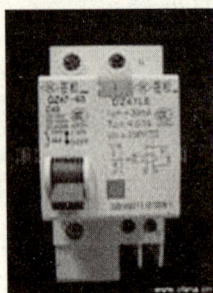

漏电保护器

DZ 三相空开

负荷刀开关

单极空开

接触器

时间继电器

螺旋式熔断器

磁插式熔断器

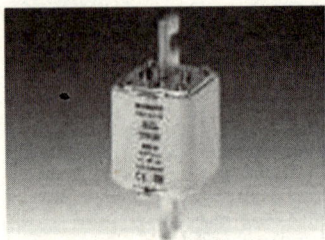

RT0 熔断器

www.china.cn

RT 系列

跌落保险

保险座

指示灯

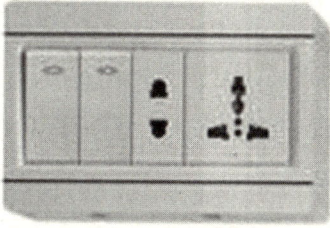

带开关插座

三联开关

五孔面板

扳把开关

图 3 - 1 - 2

第二节　低压照明

楼宇大厦照明一般分为正常照明、事故照明和应急照明及景观照明。

1. 常用照明灯具有日光灯、节能灯、白炽灯、小射灯、金属卤化物灯,同时 LED 灯大有改朝换代的趋势,在电工日常维修当中,最常遇到的是日光灯,具体说说这方面的情况,它分为电感式日光灯,电子式日光灯,工作原理都相同,在启动瞬间用高电压击穿灯管里的汞蒸气,灯丝拉弧放电形成回路,灯管发光而点亮,在这个过程当中,镇流器和启辉器相互作用断续接通而产生高压,同时镇流器也起限制灯丝电流作用。(参考图 3-2-1)

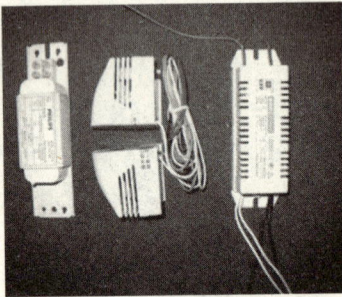

镇流器

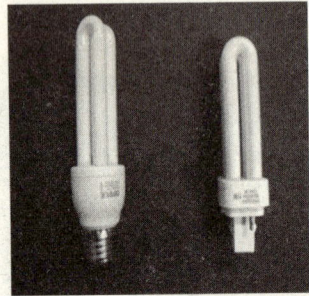

节能灯

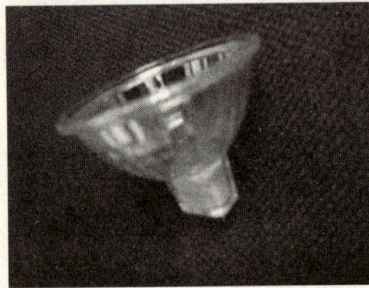

小射灯

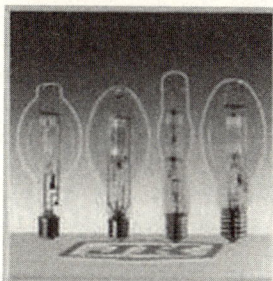

金属卤化物灯

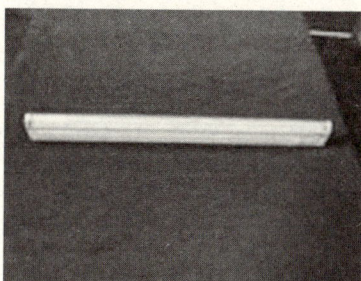

日光灯

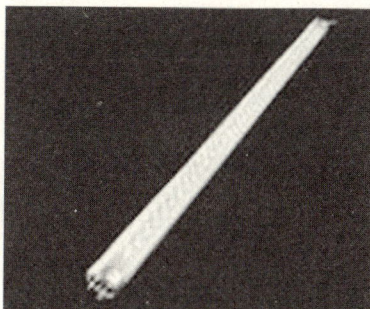

LED 概念灯

图 3 - 2 - 1

2. 日关灯常见故障：

（1）日光灯不亮——检查有无电源,电源电压是否偏低,回路有无断线。

（2）日光灯响声——灯管虚接,镇流器和启辉器断续启停,危害极大。

（3）日光灯螺旋纹——这种原因大多是本身质量问题,启动环境温度偏低。

（4）镇流器烧毁——质量偏低,散热效果不好,寿命到期。

（5）灯管两端发黑——一般情况是寿命到期,也有可能电压偏高造成。

在楼宇大厦电器维修过程中,日光灯的频率最高,看似简单,有时维修起来并不容易,比较麻烦,但只要我们明白它的原理,那就比较容易了。(参考图3-2-2)

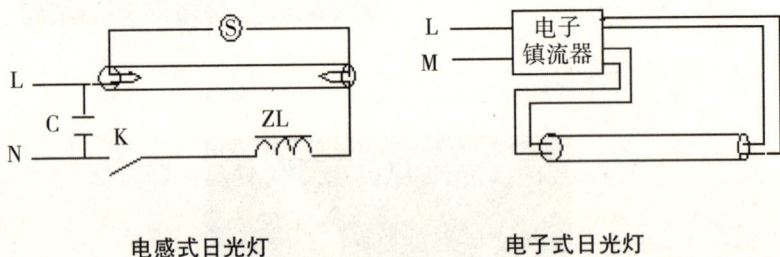

电感式日光灯　　　　　　　电子式日光灯

图3-2-2

第三节　低压供电的几种方式

1. IT系统是指电源侧中性点不接地,而用点测电气设备金属外壳采取保护接地的供电系统如图3-3-1所示:

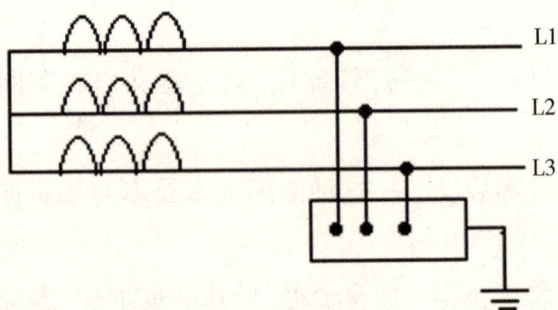

图3-3-1

2. TT 系统指电源侧中性点接地,而电气设备金属外壳采取保护接地,如图 3-3-2 所示:

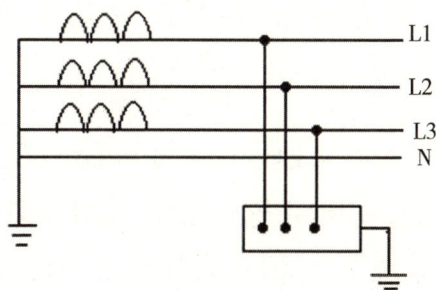

图 3-3-2

3 TN 系统是指电源中性点直接接地,而电气设备金属外壳与电源系统中保护零线(PE / PEN)直接接地,如图 3-3-3 所示:

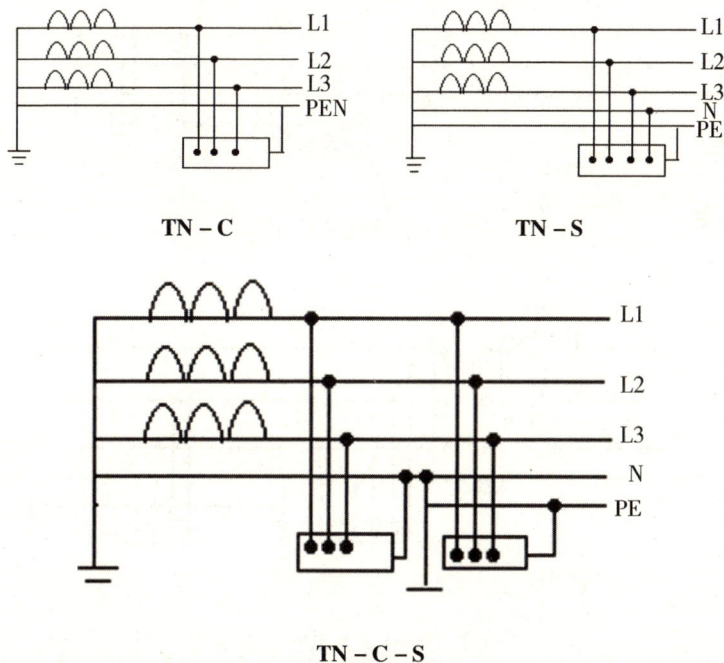

TN-C   TN-S

TN-C-S

图 3-3-3

第四节　漏电保护器在低压系统中的作用

1. 漏电保护器能有效地进行触电和漏电保护,防止造成人身伤害和火灾发生,提高用电系统安全性,常用于 TN‒C‒S 或 TN‒S、TT 系统,对 IT 系统来讲,因系统对地是绝缘的,可以不必装设,如图 3‒4‒1 所示:

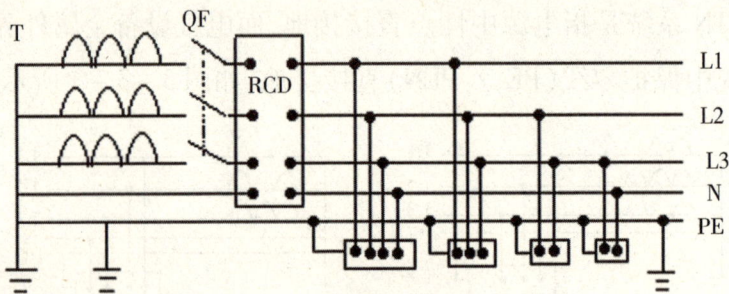

TN‒S 接零保护系统图

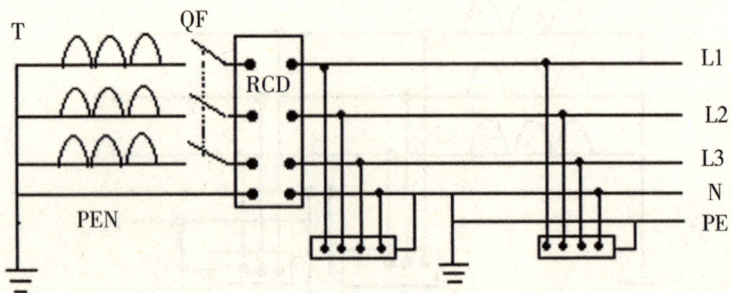

TN‒C‒S 系统

图 3‒4‒1

2. 动作原理：

利用剩余电流,也就是漏电流,都是基于基尔霍夫电流定律,流入等于流出,也就是说,流入电路中任一节点的电流的代数和为零,$\epsilon 1 = 0$。

单相：

$I_{N入} = I N$ 出三相：$I_A + I_B + I_C = I_N$

3. 漏电动作电流的选择：

A. 为了保证人身安全,漏电动作电流小于30MA,在医疗仪器应用上选用10MA.

B. 三相漏电开关动作电流应躲过正常三相不平衡电流。

C. 保护的选择性,下一级漏电保护动作电流应小于上一级漏电保护定值,上下级差为 1.2 ~ 2.5 倍。一级保护为 75MA ~ 300MA,二级保护为 30MA ~ 75MA,三级保护为 15 ~ 30MA,四级保护为 5MA ~ 10MA。

4. 漏电保护器误动原因：

A. 实际漏电流低于动作值,选择不匹配.

B. 在 TN - S 系统中,零线未进开关,负载的零线直接接在电源侧。

C. 漏电开关附近有大功率电器,当其启闭时会产生电磁干扰,用电设备外壳 PE 线与工作零线连接。

D. 计算机多台同时启闭也会产生电磁干扰,造成开关电闸。

第五节 并联电容器在电力系统中的作用

1. 作用：

A. 补偿无功功率，提高功率因数，提高设备的出力。

B. 降低功率损耗和电能损失，降低线路和变压器的电能损失。

C. 改善电压质量，无功功率减少，减少了线路上的电压降。

2. 补偿方式：

A. 个别补偿——利用率低，有可能产生自激过电压，投资费用高，但补偿效果好。

B. 分散补偿——常接在配电分支母线上，是一种比较经济方式。

C. 集中补偿——按变配电总负荷来选择容量，利用率高，但补偿效益差。

3. 并联电容器的铭牌：型号、电容值、额定频率、内部接线。

4. 并联电容器的运行与维护：

A. 电容器载 30S 内的电压应降至 60V 以下，1kvar 的电容其放电电阻值应 $>1W$。

B. 保护熔丝：单台 $I_{FU} = (1.5 - 2.5)I_{CN}$ 电容组 $I_{FU}, = (1.3 - 1.8)I_{CN}$，在 100KVAR 电容器以下用 RTO 刀容开关，100KVAR 以上的用带过流脱扣器的空开。

C. 当电压超过 1.1 倍、电流超过 1.3 倍时应退出电容器，漏油、温度升高(表面65°)有异常声响，外壳严重，膨胀变形，接点过热溶化，瓷套管闪络放电、起火、冒烟、爆炸等,在这种情况时,应急时退出。

D. 停电时,先拉电容器组,送电时相反,推 - 拉之间应间隔3分钟。

E. 摇测绝缘时,交接试验用 1000V - 2000MΩ 刻度的兆欧表,预防性试验用 500V - 1000MΩ 刻度的兆欧表,只测极对地绝缘,禁止测量极对地绝缘,做开路试验和短路试验,先摇后测,先撤后停,测量前后都要放电。

第六节 动力系统

在楼宇大厦动力系统中,三相异步电动机为主要常用的动力电机,为此主要介绍一下其结构原理和正常运行及故障处理。

如图 3 - 6 - 1 所示:

电机的分类:

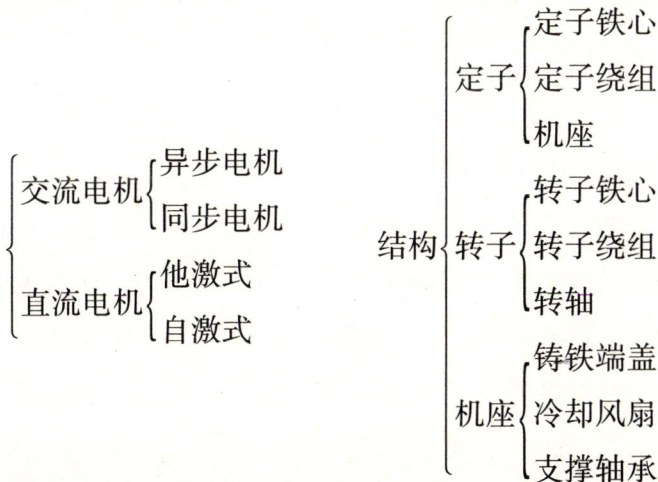

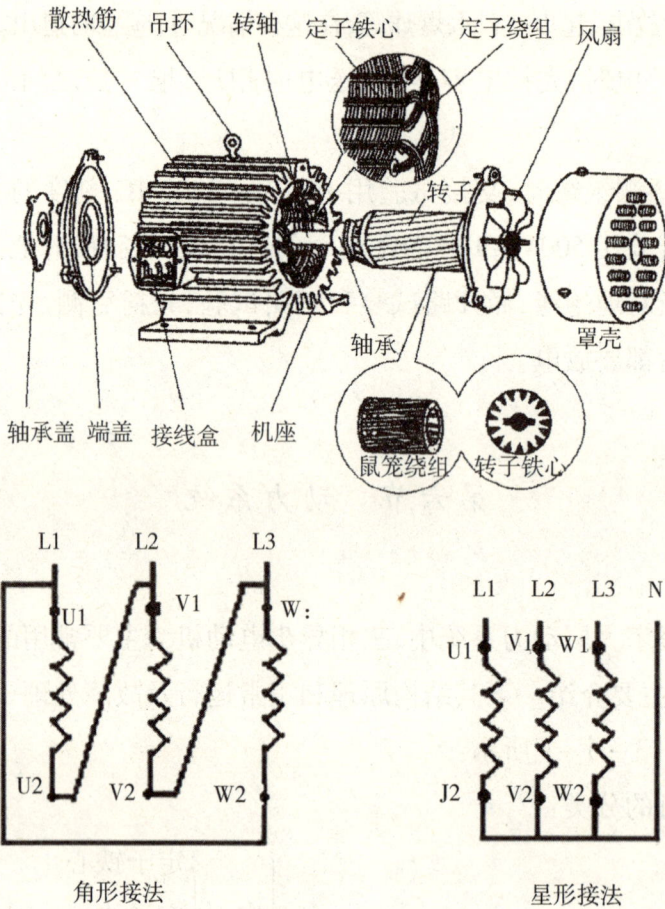

散热筋　吊环　转轴　定子铁心　定子绕组　风扇

转子

轴承盖　端盖　接线盒　机座

轴承

罩壳

鼠笼绕组　转子铁心

角形接法　　　　　星形接法

图 3－6－1

2. 工作原理:在三相异步电机的定子绕组通入三相正弦交流电,在三相定子绕组内流过三相对称电流,会产生一个在空间随时间变化的合成旋转磁场,同时转子导体中感应电动势,产生感应电流,在转子铁心上产生磁场,与合成旋转磁场相互作用,从而转子旋转起来,但转子的转速总比合成磁场慢一拍,这就是三相异步电机的工作原理。

$$n = 60f = 3000(转/分钟)$$

3. 三相异步电机调速：

A. 变频调速——简单的说，就是改变电源的频率而达到电机转速改变目的。

当频率改变时，其转数与之同向改变。

交流 ▶ 直流 ▶ 交流

B. 变极调速——异步电机的同步转速与磁极对数成反比，改接绕组可以改变磁极对数，此方法较简单，调速范围小。

C. 改变转差率——由于电机的转矩与电压的平方成正比，当降低定子绕组上的电压时，其最大转矩减少，转数相应也降低，一般不常用。

4. 电机常用的几种控制方式及故障处理方法：

图 3 − 6 − 2：接触器互锁的正反车控制原理图

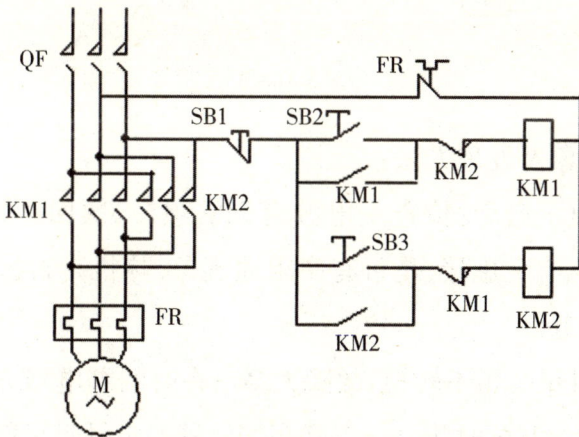

图 3 − 6 − 2

故障现象及处理措施:首先应明白其工作原理,主要是利用两接触器的常闭点进行互锁特性,两者只能其一动作,故障现象大多出在控制回路,一是线路线圈的完好性,而是回路各个触点的完好性,此回路比较简单,是电工初学者应知道的基本电路。

图 3 - 6 - 3:Y——降压启动原理图

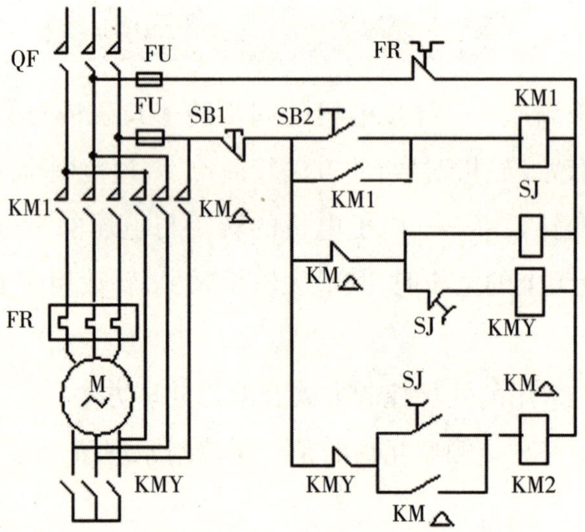

图 3 - 6 - 3

故障现象及处理方法:

A. 电机不启动:检查主电源有无缺项,二次回路保险有无烧毁,回路接点有无虚接,是否有高阻通现象,热机是否保护,接触器线圈是否完好。

B. 电机星一角不转换:故障大多出在时间继电器方面,检查时间继电器的常开延时闭合接点和角接触器的自锁点可能损坏,再就是主接线错误。

C. 电机转矩小:电源是否缺项,三相电压是否正常,摇测电机线圈可能有匝间绝缘损坏。

D. 电机温升过高:可以从几方面判断,电机前后轴承有无损坏,看电机电压电流是否正常,冷却风扇有无损坏,也有可能是电机线圈层间绝缘损坏所致等。

图3-6-4:新风机电机三速控制原理图:

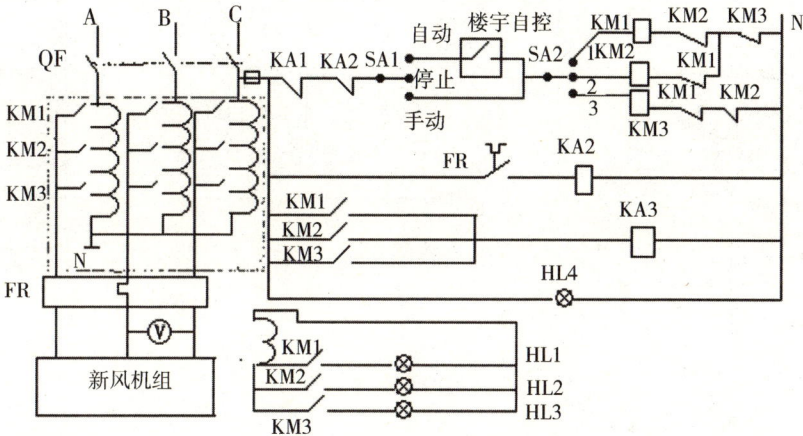

图3-6-4

故障现象及处理方法;

A. 风机不起:检查电源电压是否正常,自藕启动器有无损坏,热继主触点是否虚接,在检查二次控制回路的各个接点是否高阻通,接触器线圈是否完好,热继电器的常开点是否保护等。

B. 二次回路故障:如果在手动状态下风机正常启动,而在自动状态下不启动,原因大多是由于自控系统故障保护所致,一般是与消防区域模块相连的烟感误动而会出现风机自动保护而为。

C. 电机烧毁:本身质量寿命到期,风筒掉进杂物堵塞电机运转,再就是支架和轴承损坏,造成电机堵转矩增大,电流增高而长时间运行,从而将电机线圈烧毁。

图3-6-5:消防排烟风机启动原理图:

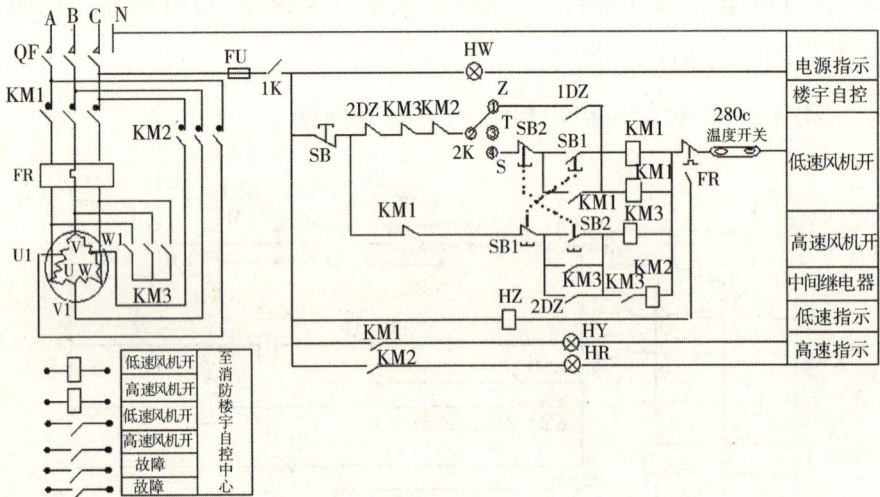

图 3-6-5

启动原理:消防排烟风机平常在人防地下室可用于低速排风,起空气流通作用,如果一旦发生火灾,由防灾中心系统进行确认,自动强行切到高速运行,直至温度开关熔断,低速运行时,接触器KM1吸合,一般由楼宇自控控制,高速运行时 KM2、KM3 接触器吸合,同时将运行信号反馈防灾中心,此控制系统为消防设备,任何的改动都不得影响高速运行状态。

故障及处理方法:

A. 风机不起动:检查电源电压是正常,电机线圈有无损害,二次回路有无断路。

B. 高速不启动:如果低速运行正常,而高速不启动,首先检查主回路接线是否错误,KM1 接触器是否复位,其常开点是否虚接,KM3 接触器是否完好,热继电器和温度开关常闭点有无断开,风阀是否在开启位置。

C. 风机噪声大:叶轮与进风口或机壳摩擦,轴承部件磨损,间隙过大,应进行调试或更换。

图 3 - 6 - 6:双路电源互为备用相互切换原理图:

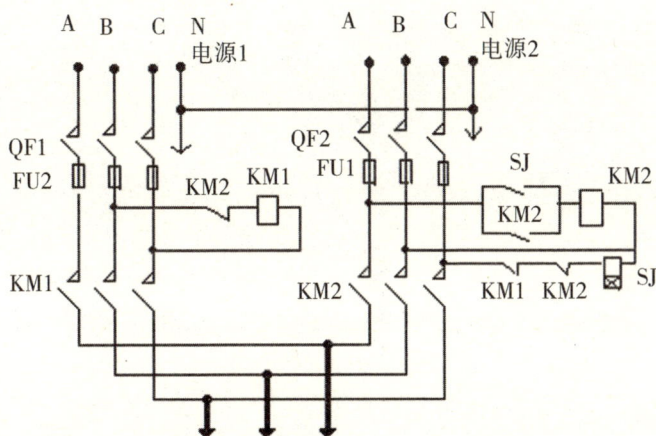

图 3 - 6 - 6

工作原理:开关 QF1 和 QF2 可同时合上,接触器 KM1 正常吸合,当电源 1 断电时,KM1 接触器复位,时间接触器 SJ 得电吸合,开始延时,其常开延时闭合点动作,接触器 KM2 得电吸合,完成双路电源自投过程。

元器件选用:QF1 和 QF2 稍微大于负载即可,接触器 KM1 和 KM2 应按负载的 1. 5 倍选取,时间继电器 SJ 延时范围在 1 ~ 60 秒。

故障现象及处理方法:开关合上,接触器不吸合,首先检查电源是否正常,在检查时间继电器的线圈是否完好,KM1 和 KM2 接触器线圈是否完好,其常闭点有无高阻通现象,检查保险有无烧坏,根据具体情况具体分析。

第四章

高压变配电系统

第一节　高压变配电系统

根据楼宇高压变配电的性质,为了简单实用,将一些应知理论结合实践概述一下:

(1)首先配电室值班人员应知道自己在配电室工作性质的重要性,了解自己的工作范围和职责,应该遵守的规章制度和巡视制度。

(2)做好变配电室的运行与维护工作,定期进行变配电装置的清扫检查和预防性试验,完成倒闸操作任务。

(3)记录运行状态,及时发现和排除故障隐患,做好安全组织和技术措施,保证变配电设备正常运行。参考图4-1-1:

1.电力网配电网→∏接室→变配电室→变压器→0.4KV

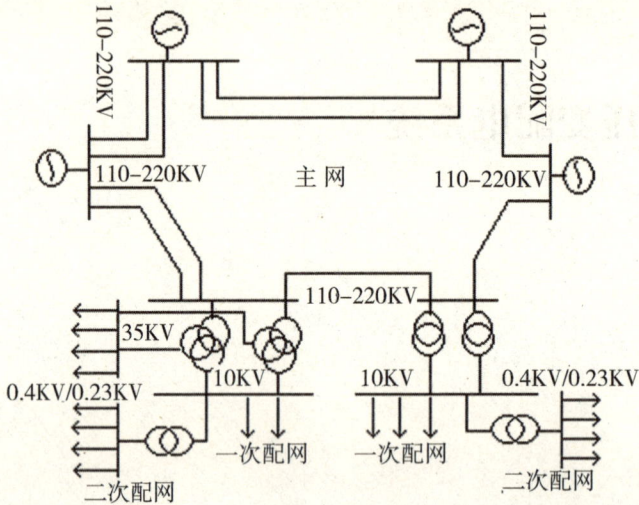

图 4 - 1 - 1

电力网——是电力系统的一部分,分为输电和配电网,一次配电网的电压常为 10KV,二次配网的电压常为 0.4KV,它是直接向照明设备和动力设备提供电能。

∏接室——是一种在环形网电力网上使用的电源引入方式,它是环形网上断开,两端都引入用户,用户母线各接一端,其高压母线参与电网的运行,属供电部门调度用户。

运行方式——在楼宇大厦变配电系统中,一般都是两路 10KV 高压电源 201.202 进线,单母线分段运行,各带大厦部分负荷,中间有联络柜 245,其中 201.202、245 之间互为闭锁,不允许两路电源合环和变压器并列运行。

电压等级——高压 3KV、6KV、10KV、21KV、35KV、66KV、110KV、220KV、330KV、500KV、750KV,低压、0.66KV、0.4KV、0.23KV。

48

电能质量——主要指电压、频率、波形及三相电压的对称和可靠性，UN < 5% ~ 7%。

2. 高压变配电装置：

有受电隔离柜、断路器小车柜、PT 计量柜、变压器馈线柜、联络柜、高压电流互感器、高压电缆、变压器。

3. 信号回路及控制保护回路：

信号屏的作用是将各种故障信号变为声信号和光信号进行显示，提醒值班人员已发生故障和故障的性质，直流屏通过 UPS 对高压系统供给控制保护回路和合闸回路直流电源。

第二节　高压配电柜实物展示及介绍

断路器合闸机构

断路器正面视图

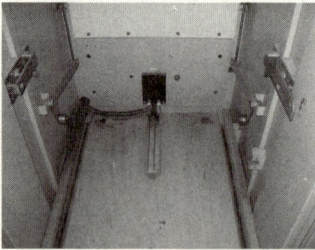

接地开关及机械连锁状态

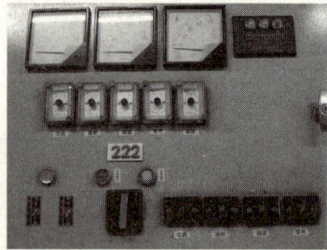

高压柜盘面

接地开关

高压用 CT

高压用 PT

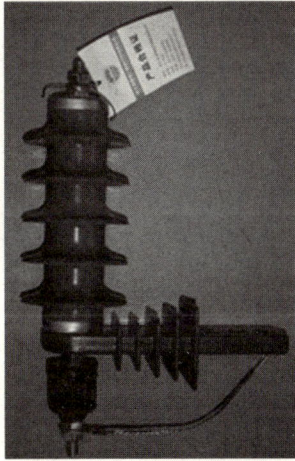

避雷器

继电保护盘面

干式变压器

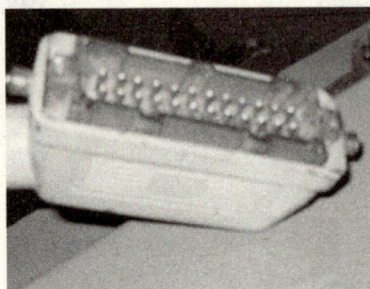

高压二十四针插头

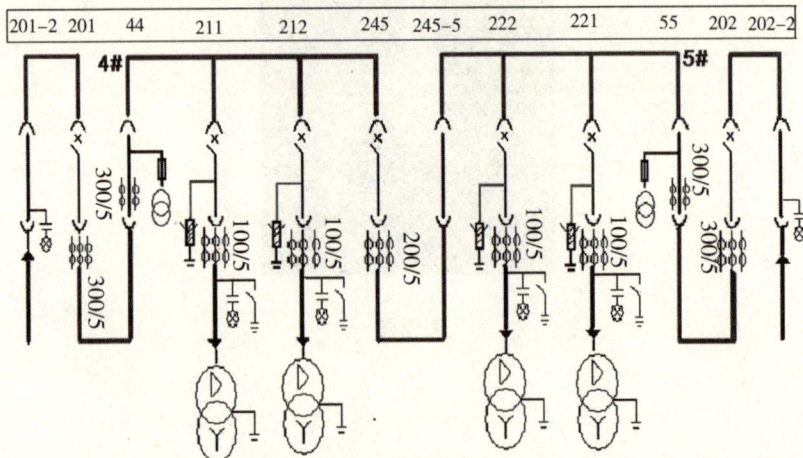

图 4 - 2 - 1

图4-2-1为高压10KV变配电一次系统原理图,通过此图进行剖析了解其性能。

(1)母排规格为80×8MM。

(2)断路器为真空开关ZN28—100,操作机构为CT—17弹簧储能。

(3)电流互感器为LZZBJ—10。

(4)电压互感器为JDZ8—10(环氧树脂浇注型,单相双绕组)。

(5)熔断器为RN2—10(额定电流为0.5A)。

(6)避雷器为氧化锌Y5WZ2—127/45KV。

(7)变压器为SC8—1250—10/0.4。

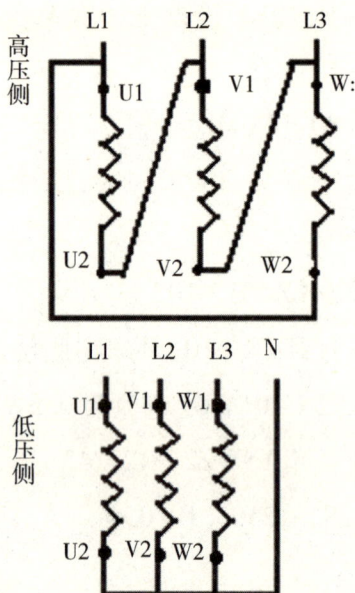

图 4 - 2 - 2

①接线组别 D. YN11。

②短路阻抗为 6%。

短路阻抗相当于变压器的内电阻。

※是将低压侧短路,将高压侧电压逐步升高,直到低压侧电流达到额定电流,这时的高压侧电压就是短路电压,它与高压侧额定电压的百分比就叫短路阻抗。

※短路阻抗对变压器低压侧发生短路时将会产生多大的短路电流起着决定性的作用。

※要根据短路阻抗来计算变压器以及上一级输电线路的保护定值。

当变压器并列运行时,相当条件下,在负荷分配上,短路阻抗大的变压器分配的负载要比短路阻抗小的变压器多。一般变压器容量越大短路阻抗也就越小。

比如说,高压侧电流为100A,短路阻抗为5%,那么高压侧可承受的短时短路电流就是2000A.

③一次额定电流约为72A,二次额定电流约为1804A。

已知变压器容量S,求一次、二次测电流公式为:

$$I_N = \frac{S}{\sqrt{3}U_N}$$

简便算法:

$I_1 \approx 0.6S$ $\qquad$ $I_2 \approx 1.5S$

④冷却方式分为自然冷却(AN)和强迫冷却(AF)。

当温度

T > 110℃ 时,系统自动启动风机。

T < 90℃ 时,自动停止风机。

T > 155℃ 时,输出超温报警信号。

T > 170℃ 时,向二次保护系统输出超温跳闸信号。

变压器温度及温升与绝缘等级关系

绝缘等级	A	E	B	F	H	C
绝缘材料最高允许温升/℃	105	120	130	155	180	180以上
变压器的允许温升/℃	60	75	80	100	125	125

⑤图4-2-3是温控、温显系统原理图:

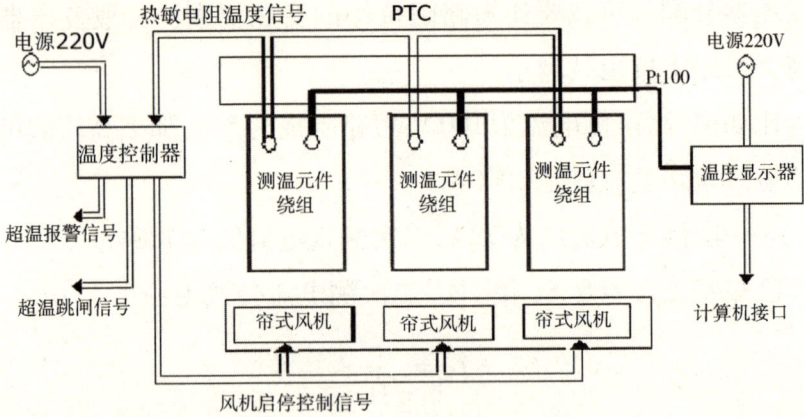

图 4 - 2 - 3

※温控系统通过预埋在低压绕组中的 PTC 测温元件测取温度信号,向二次保护回路输出各种信号。

※温显系统通过预埋在低压绕组中的 Pt 热敏电阻测取温度信号,直观各项绕组温度。

⑥变压器的变比

$$K = \frac{U_1}{U_2} = \frac{N_1}{N_2} = \frac{I_2}{I_1}$$

⑦变压器绝缘电阻测试

使用 2500V 的兆欧表

高压绕组对外壳及低压绕组≥300MΩ

低压绕组对外壳及铁芯≥100MΩ

(9)图 4 - 2 - 4 是断路器分合闸及保护回路原理图:

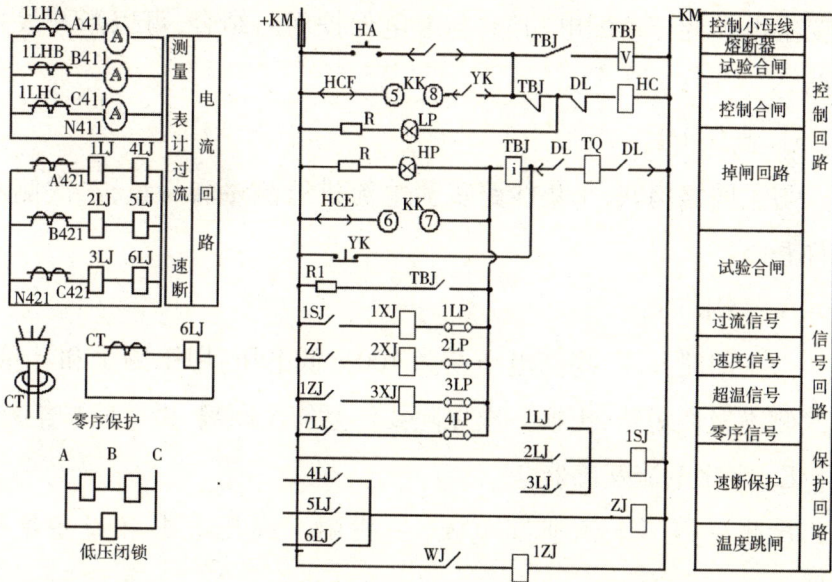

图 4 – 2 – 4

分合闸回路的指示灯约为 8W。

其所连电阻 R 阻值为 1000Ω ~ 2500Ω。

第三节　高压电器功能及相互间关系

1. 高压电器功能介绍：

A. 隔离开关：

有明显的断开点,不能带负荷断开,没有灭弧装置,起隔离
作用。

B. 真空断路器：

有灭弧装置,无明显断开点,可以带负荷启闭,在高压回路中,

起受主电和变压器配电功能,与继电保护回路结合,可以断开故障线路。

C. 高压 CT:

与主回路串联,采集线路负荷电流进行测量和计量,二次侧不允许开路。

D. 高压 PT:

与主回路并联,将高电压变为100V 低电压,用于测量和计量,二次侧不允许短路,更换一次保险要注意安全距离,做好防护措施。

E. 零序电流互感器:

检测三相不平衡泄漏电流,一般用于高压电缆和设备绝缘回路。

F. 接地开关:

在高压配电系统中,常用在变压器馈线开关下口,将出线高压电缆三相和变压器进行接地放电,相当于设备维修中所挂的保护接地线。

G. 避雷器:

在变配电室主进线断路器下口和变压器断路器开关下口都安装避雷器,防止过雷击和谐振过电压,保护高压变配电回路设备。

2. 高压电器连锁状态:

A. 高压主进隔离开关 201 - 2(202 - 2)和主进断路器 201 (202)之间互为备有机械联锁,隔离开关在断开位置时,与之相连的断路器是合不上闸的,防止了隔离开关带负荷合闸,同时,如果误拉隔离开关,那么与之相连的断路器首先断开,防止拉弧造成短路现象发生。

B. 双路电源主进断路器 201、202、245 三者之间互为电气连锁,任意两断路器在合闸位置时,另一断路器都不会合上,防止了电源合环事故的发生。

C. 每一台变压器的外罩门上都装有限位开关,其与跳闸回路相联,防止工作人员误触高压带电设备。

D. 变压器出线断路器与接地开关之间互有电气和机械连锁,当接地开关在关合位置时。断路器推不到合闸位置,反之,当断路器在合闸位置时,接地开关关合不上,防止了带电接地合闸和带电挂地线。

3. 变压器:将高电压变为所适用低电压,俗称变压器和变流器,就是改变电压和电流的大小,主要参数如下:

树脂浇干式电力变压器

型号SCB3-1250/10			额定频率50HZ	
额定容量1250KVA			相数	3相
额定电压	高压侧	低压侧	连接组别	d.vn11
	I 10500V Ⅱ 10250V Ⅲ 10000V Ⅳ 9750V V 9500V	400V	阻抗电压	6.20%
			绝缘等级	F级
			温升限值	100K
额定电流	72.2A	1804A	冷却方式	AN/AF

4. 继电保护原理:

A. 线路过流保护:是一种带动作时限的继电保护,分为定时限和反时限两类,定时限的延时时间与电流的大小无关,而反时限与电流的大小乘相反的比例,保护线路全部。

图4-3-1是定时限的过流保护原理图:

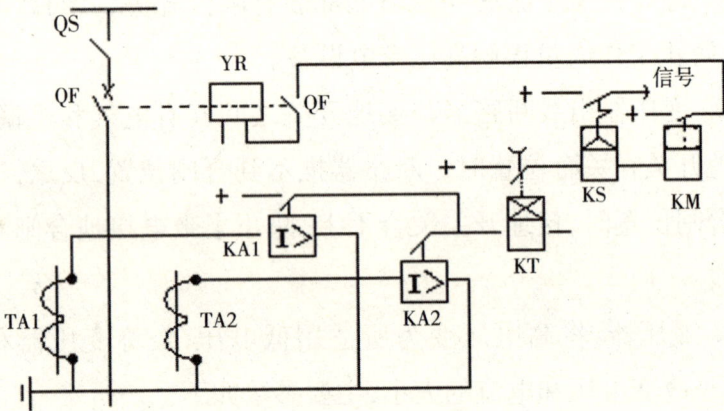

图4-3-1

图4-3-2是反时限的过流保护原理图:

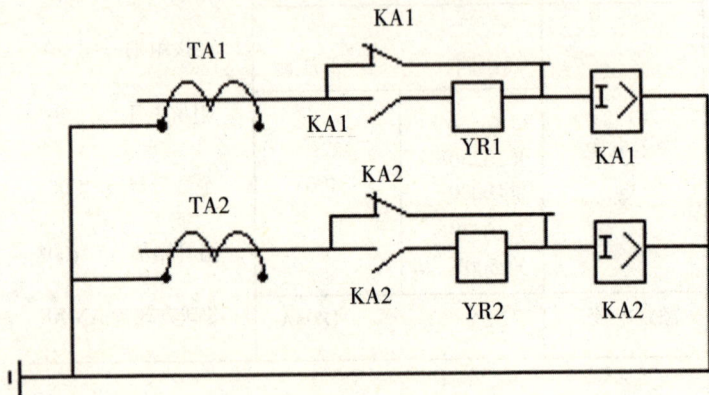

图4-3-2

B. 线路速断保护:是一种反应严重短路故障的电流保护形式,一般无时间概念切断发生故障的线路,其近后备保护为过流保护,只保护线路的一部分。如图4-3-3所示:

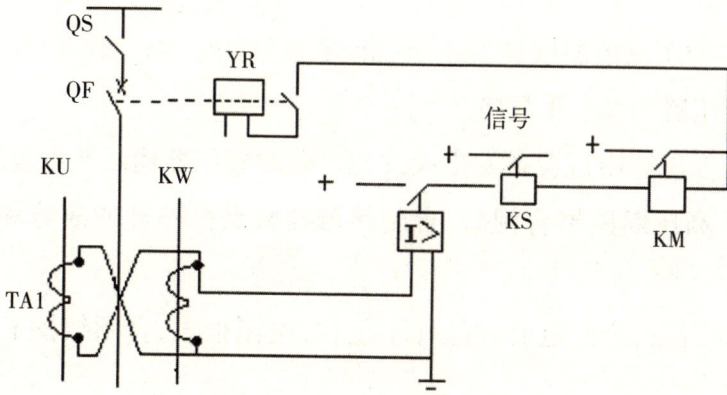

图4-3-3

第四节 高压电器故障现象及处理措施

1. 值班人员在变压器运行中发现异常现象时,应设法尽快排除,并报告主管领导和作好记录,在有下列情况之一时应立即退出运行:

a. 变压器声音异常,并且内部有爆裂声。

b. 变压器有严重的异味。

c. 运行温度急剧上升,且与负荷大小无关。

d. 套管内或铁心处有严重的破损和放电现象。

e. 变压器冒烟着火。

f. 变压器一次侧电流急剧增加,二次侧不增加。

g. 发生危及变压器安全的故障,而变压器的有关保护装置拒动。

h. 变压器的温度急剧上升,超过 155 度时,温度保护不动作,确定变压器内部发生故障。

r. 变压器附近设备发生火灾、爆炸,对变压器构成严重威胁。

2. 高压断路器合闸后,合闸接触器触点打不开的故障和处理措施:

A. 现象:合闸电流表指针不复位,电流很大,合闸线圈有烧糊异味。

B. 危害:合闸接触器触点打不开,会使合闸线圈较长时间通过大电流而烧毁。

C. 处理措施:迅速拉开合闸电源,检查闭锁触点是否失灵,合闸电磁铁上的主触点是否粘连。

3. 高压断路器运行时突然跳闸故障及处理措施:

A. 现象:断路器故障跳闸。

B. 危害:造成停电事故,给客户工作带来损失。

C. 处理措施:应迅速查明跳闸原因,检查操作机构是否完好,检查继电保护回路保护动作的性质,检查二次回路,检查直流电源是否正常。

4. 高压断路器合闸失灵故障及处理措施:

A. 现象:分闸试验失灵及上级保护动作,而本身应保护却拒动。

B. 危害:一旦发生故障,会造成上级开关掉闸事故,将故障范围扩大。

C. 处理措施:检查电气回路,电源电压是否过低,使分闸铁芯的冲力不足或本身低电压分闸值不合格,检查分闸回路的连锁点有无接触不良,检查分闸回路的保险或其他动作原件,有无接触不良的现象,同时检查机械机构分闸铁芯行程是否不够或铁芯上的顶杆是否脱落,检查分闸连扳是否过低或合闸主轴在托架上的吃度是否过深,而增加了抗劲,分闸铁芯顶杆有无卡住现象。

5. 运行中发现断路器的红灯或绿灯不亮及处理措施:

A. 现象:合闸回路指示灯不亮。

B. 危害:影响值班人员监视和观察断路器运行位置,发生故障时无法判断,如果合闸回路出现问题,当系统发生故障时,断路器会拒动,将造成事故扩大。

C. 处理措施:检查指示灯本身是否损坏,应及时更换,灯泡回路接触不良,附加电阻可能损坏,检查断路器的辅助触点有无虚接,检查控制回路保险熔丝是否熔断,不管什么原因,都应及时查明进行更换,做好安全措施,一人监督,一人更换。

6. 隔离开关发生了带负荷拉、合的错误操作及处理措施:

A. 现象:带负荷误拉隔离开关。

B. 危害:因隔离开关不带灭弧装置,带负荷误拉会造成三相短路,危及人身安全和设备正常运行。

C. 处理措施:如错拉隔离开关时,在刀口发现电弧时应急速合上,如已拉开,不允许再合上,如错合隔离开关时,无论是否造成故障,绝不允许在拉开,应迅速报告有关部门,采取必要措施,必要时断开上一级断路器,以免故障范围扩大。

7. 直流系统发生接地及处理措施:

现象:直流绝缘检测电流表检测直流系统正、负极有接地电流。

危害:会造成继电保护误动,使断路器误跳闸,由于两点接地,会将分、合闸回路短路,可能烧坏继电器的触点,同时还可能在设备发生故障时,造成越级跳闸,将事故范围扩大。

处理措施:首先进行拉路查找,分段处理,先信号回路,后保护回路,先外后内,再断开各个专用直流回路时,切断时间不得超过3秒,不管回路接地与否均应立即合上,查找接地点时,必须两人同时进行。

第五节　变配电室的运行管理

1. 变配电室负责人和值班长,应具备变配电运行专业知识和运行操作经验,技术必须熟练,能独立进行和全面指导所管辖的变配电室中各种电气设备的运行和事故处理工作,应具备如下条件:

A. 掌握变配室电气设备的参数、构造和工作原理及运行特性。掌握变配电设备的负荷情况,变化规律及运行经济运行方式。

B. 熟知本配电室中有关规程制度的要求,掌握各种继电保护装置的原理和保护范围,能够指挥值班人员进行倒闸操作和事故处理,组织值班人员,做好运行分析和管理工作,及时的提出电气反事故措施。

C. 根据本配电室内的各项工作内容,制定和审查并执行所指定的安全措施,做好设备的维护工作和设备的验收工作。

D. 能够熟练的掌握触电急救法和人工呼吸法。

2. 配电室值班人员的职责:

A. 熟悉变配电室中各项规程制度,掌握设备的一般构造和原理,技术要求和负载情况,各种运行方式的操作要求和步骤。

B. 掌握本配电室继电保护的定值和保护范围,正确执行安全技术措施和组织措施,定期定时巡视所辖设备,独立进行倒闸操作、查找分析和处理设备异常及事故情况,做好本值记录,管理好安全用具及仪表工具。

3. 变配电室维修时的安全技术措施:

A. 停电:

在全部或部分停电的高压设备及线路上工作时,应将工作范围的各方进线电源断开,而且各个方面至少有一个明显断开点,使工作人员处于停电设备的范围内工作,并与带电体保持一定距离。

B. 防止反送电源:

应将与停电有关的变压器和电压互感器从高低、压两侧断开,一定保证维修人员的安全。

C. 验电:

对即将施工或检修设备的进出线的各相进行校验,确认设备无电。

D. 挂地线:

对于可能送电至停电设备的各支线或停电设备可能产生感应电压的各个部位都应挂接接地线,并应挂在工作人员可以看得见的地方。

E. 悬挂标识牌和设围栏:

值班人员应根据工作实际情况,确定应挂的标识牌种类(禁止合闸,有人工作等),认真执行工作票上规定的悬挂地点和拆除手续,先接地后接导体,先拆导体后拆接地,接地线截面不得小于 25MM2。

4. 变配电室检修时的安全组织措施:

A. 工作票制度:主要包括工作内容,工作地点,停电范围,停电时间以及安全措施,在工作票中要填清楚所要拉开的隔离开关和断路器,并应注明装设接地线的确实地点和应设的遮拦和标识牌。

B. 操作票制度:是防止错误操作的主要措施之一,包括操作任务、操作顺序、发令人、受令人、操作人和监护人以及操作时间。

C. 工作许可制度:在高压电气设备上进行检修或维修时,应办理停电申请,并征得工作许可人的许可,才能进行工作,也就是必须征得配电室负责人或值班长的同意,否则是不允许进行工作的,也是检修必不可少的一道手续,必须执行。

D. 工作监护制度:是保证人身安全及操作正确的主要措施,监护人的安全等级应高于操作人,在带电设备附近工作时,应设监护人,工作人员要服从监护人的指挥。

E. 工作间断和转移制度:它属于工作许可制度的一种,对当天未有完成的工作,应再次办理工作许可制度手续,未征得同意一律不得开工,工作转移后,负责人必须向工作人员交代清楚其工作范围,带电性质,安全措施等。

F. 工作终结和送电制度:工作完成后,送电前,工作负责人应会同值班人对维检设备进行检查,是否拆除接地线,各开关位置是否相符,核对人员人数和工具,在确认无误后才允许试送电,并观察设备运行情况。

G. 调度管理制度:是指上级调度与下级用电单位进行停、送电,改变运行方式并进行事故处理等用电话指示操作的制度,下级接到命令后应进行复诵并再次确定任务,同时必须立即作好记录并上报领导,做好任务前的准备。

5. 工作票的定义

工作票是准许在电气设备上工作的书面命令,也是执行保证安全技术措施的书面依据。

6. 工作票的内容

工作票编号、工作负责人、工作班成员、工作地点和工作内容,计划工作时间、工作终结时间,停电范围、安全措施,工作许可人、工作票签发人、工作票审批人、送电后评语等。

7. 工作票的填写

工作票由发布工作命令的人员填写,一式二份。一般在开工前一天交到运行值班处,并通知施工负责人。

一个工作班在同一时间内,只能布置一项工作任务,发给一张工作票。

A. 工作范围以一个电气连接部分为限。电气连接部分是指接向汇流母线,并安装在某一配电装置室、开关场地、变压器室范围内,连接在同一电气回路中设备的总称。包括断路器、隔离开关、电压互感器。

B. 应装设的地线,要写明装设的确实地点,已装设的地线要写明确 C 实地点和地线编号。

1. 工作地点保留带电部分,要写明工作邻近地点有触电危险的具体带电部位和带电设备名称并悬挂警告牌。

2. 在开工前,工作许可人必须按工作票"许可开始工作的命令"栏内的要求把许可的时间,许可人及通知方式等认真地填写清楚,工作认真填写,严格履行工作票终结手续。结后,工作负责人必须按"工作终结的报告"栏内规定的内容,逐项确认。

3. 工作票的填写内容,必须符合部颁安全工作规程的规定,工作票由所统一编号,按顺序使用。填写上要做到字迹工整、清楚、正确。如有个别错、漏字,需要修改时,必须保持清晰并在该处盖章。执行后的工作票要妥善保管,至少保存三个月,以备检查。

8. 工作票的种类

①第一种工作票

填写第一种工作票的工作为:高压设备上工作需要全部停电或部分停电;高压室内的二次接线和照明等回线上的工作,需要将高压设备停电或做安全措施的。

②第二种工作票

填写第二种工作票的工作为:带电作业和在带电设备外壳上的工作;控制屏的低压配电屏、配电箱、电源干线上的工作;在二次回路上工作,未将高压设备停电;转动中的发电机,同期调相机的励磁回路或高压电动机转子电阻回路上的工作;非当班值班人员用绝缘棒和电压互感器定相或用钳型电流表测量高压回路的电流。

发令人：	下令时间	月　　日　　时　　分			
受令人：	操作开始	月　　日　　时　　分			
	操作结束	月　　日　　时　　分			

操作任务：＿＿＿＿＿＿＿＿＿＿＿＿＿＿＿＿＿＿＿＿＿＿＿＿＿＿＿＿＿
　　　　　＿＿＿＿＿＿＿＿＿＿＿＿＿＿＿＿＿＿＿＿＿＿＿＿＿＿＿＿＿＿＿＿＿
　　　　　＿＿＿＿＿＿＿＿＿＿＿＿＿＿＿＿＿＿＿＿＿＿＿＿＿＿＿＿＿＿＿＿＿

√	操作顺序	操作项目			
	1		10		
	2		11		
	3		12		
	4		13		
	5		14		
	6		15		
	7		16		
	8		17		
	9		18		

操作人：　　　　　　　　监护人：

注：①填写操作票应清晰整齐，不得使用铅笔，更改处要签字
　　②每项操作完毕后，应立即在格内画"√"

第六节　用电安全和触电急救

一、安全电压与安全电流

1. 安全电压为 36V,安全电流为 10mA。

2. 电击对人体的危害程度:

主要取决于通过人体电流的大小和通电时间长短。电流强度越大,致命危险越大;持续时间越长,死亡的可能性越大。能引起人感觉到的最小电流值称为感知电流,交流为 1mA,直流为 5mA;人触电后能自己摆脱的最大电流称为摆脱电流,交流为 10mA,直流为 50mA;在较短的时间内危及生命的电流称为致命电流,如 100mA 的电流通过人体 1s,可足以使人致命,因此致命电流为 50mA。在有防止触电保护装置的情况下,人体允许通过的电流一般可按 30mA 考虑。

3. 人体对电流的反映:

8~10mA 手摆脱电极已感到困难,有剧痛感(手指关节)。

20~25mA 手迅速麻痹,不能自动摆脱电极,呼吸困难。

50~80mA 呼吸困难,心房开始震颤。

90~100mA 呼吸麻痹,三秒钟后心脏开始麻痹,停止跳动。

二、安全用电主要包括

设备安全运行和防止人身伤害事故的发生:

1. 保证设备安全运行是运行人员最起码的工作和责任,定期对所管辖的电气设备进行巡视,定期保养,及时发现事故隐患,将设备的损失降到最小。

2. 在对设备的运行和维修过程中,要讲究职业道德,不得随意违反电气安全规程和操作规章制度,一定要牢记安全组织措施和安全技术措施。

3. 掌握触电急救方法:

A. 口对口或口对鼻人工呼吸:

首先让触电人脱离电源,如果心脏仍在跳动,但呼吸已停止,必须立即实行人工呼吸,让触电人身体平躺,脸向上,头部尽量后仰,在其背肩下垫一些东西,打开呼吸通道,搬动下颚,使其张开嘴,用手捏住触电人的鼻子,进行人工呼吸,吹二呼三,掌握适当的气量和节奏,不管触电人有无反应,不得停止抢救,口对鼻人工呼吸同理,在人工呼吸时应注意技巧和方法。

B. 胸外心脏挤压法:

在触电人脱离电源后,如果无呼吸和心脏无跳动,除了人工呼吸外,也应进行胸外心脏挤压法,使触电人平躺在硬物上,解开衣领和纽扣及腰带,救护人跪于其胸侧,双手掌心交叉叠起,用下面的手掌根贴近触电人的心脏部位施力下压,一压一松,循环进行,掌握压力和深度 3~5MM,一般 60 次/秒,中途不得停止,直至救援人员到来。

第五章

实训练习

第一节 三相异步电动机的拆装

一、实训目的

1. 掌握三相异步电动机的内部结构和工作原理。

2. 熟练掌握电机绕组拆卸、绕组绕制及电机装配过程。

3. 掌握电机绕组端子确定、绝缘电阻测试、空载运行电流测试等方法。

4. 掌握万用表、摇表、钳形电流表的使用。

二、实训任务（内容）

小型异步电动机的拆装工艺。

相关工具及仪表的使用（兆欧表、万用表、转速表、钳形电流表）。

简单故障的检查与维修。

三、实训要求

1. 遵守安全操作规程,避免不安全事故的发生。

2. 掌握工艺过程的动作要领,并能在规定时间内完成。

3. 文明生产、杜绝乱拆、乱放、不讲清洁的坏习惯。

4. 理论联系实际:a、怎么做;b、为什么。

5. 吃苦耐劳的精神。

6. 实训报告的书写要求:

1)思路清晰(目的、内容、步骤、注意点、常见及相关问题、体会)。

2)语言简单明了(从实习中获取到的信息最大限度的体现出来),类似与产品的安装说明书。

3)体现个人风格。

四、仪器和设备

万用表、兆殴表、钳形电流表、三相鼠笼式异步电动机、撬棍、拉具、厚木板等。

五、三相异步电动机拆装过程

(一)实物演示操作

在拆卸前,应准备好各种工具,作好拆卸前记录和检查工作,在线头、端盖、刷握等处做好标记,以便于修复后的装配。

1. 拆卸步骤:(由外到内顺序地拆卸)参考图 5 – 1 – 1:

(1)拆除电动机的所有引线。

(2)拆卸此带轮或联轴器,先将皮带轮或联轴器上的固定螺丝钉或销子松脱或取下,再用专用工具"拉马"转动丝杠,把皮带轮或联轴器慢慢拉出。

(3)拆卸风扇或风罩。拆卸皮带轮后,就可把风罩卸下来。然后取下风扇上定位螺栓,用锤子轻敲扇四周,旋卸下来或从轴上顺槽拔出,卸下风扇。

(4)拆卸轴承盖和端盖。一般小型电动机都只拆风扇一侧的端盖。

(5)抽出转子。对于鼠笼式转子,可直接从定子腔中抽出即可。

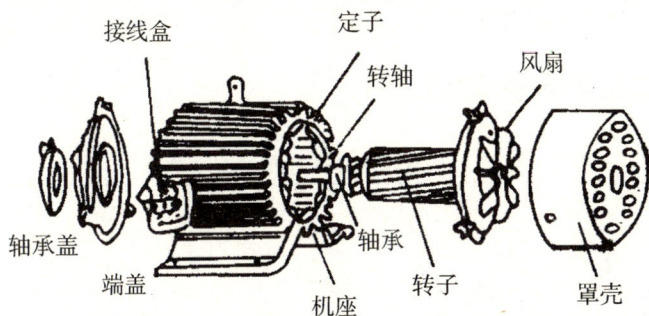

图 5 - 1 - 1

2. 注意拆装标准件的规范:

要求:观察对应部件的名称;定子绕组的连接形式;前后端部的形状;引线连接形式;绝缘材料的放置等。

获取定子绕组的相关参数:槽数 Z1 = 24、线圈节距 y = 5 极对数 p = 2。

计算:极距 $\tau = 6$,每极每相槽数 q = 2,槽距角 30 度。

3. 视频演示操作

4. 学生对照实物逐步拆卸电机

5. 实物演示各安装过程

安装过程与拆卸过程相反。

6. 视频演示各安装过程

六、学生实训练习（时间:4h）

工量具及材料清单

序号	名称	型号及规格	单位	数量	备注
1	电工工具套装		套	1/人	
2	拉力器	250mm	件	1/4人	
3	钳工锤	600mm	把	1/4人	
4	紫铜棒	Ø35mm 200mm	根	1/4人	
5	三相异步电动机	Y90L-4 2.2KW	台	1/4人	

安全事项:

1. 拆装电动机时要做好自身防护,穿好劳保用品。

2. 在使用拆卸工具时用力要均匀,手锤不准敲击电动机机壳。

操作要求:

1. 按照电动机的拆装步骤进行拆装实训。

2. 保存好拆卸下的螺钉、垫圈、弹簧止退圈等。

3. 在拆卸转子时应注意转子不要碰到定子绕组线圈。

4. 拆装完成后检查电动机转子是否能灵活转动。

第二节 认识低压电器控制元件

一、低压电器的定义

在我国经济建设事业和人民生活中,电能的应用越来越广泛。为了安全、可靠地使用电能,电路中就必须装有各种起调节、分配、控制及保护作用的电气设备。这些电气设备统称为电器。从生产或使用的角度,电器可分为高压电器和低压电器两大类。随着科学技术和生产的发展,电器的种类不断增多,用量不断增大,用途也极为广泛。电力系统的负荷绝大部分是经低压电器供给的。电力用户的各种生产机械设备,大部分是采用低压供电的。在庞大的低压配电系统和低压用电系统中,需要大量的控制、保护用电器,这些电器通称为低压电器。低压电器是指额定工作电压在交流 1140V 和直流 1200V 以下的,在电力系统中起保护、控制及调节等作用的电器元件。

二、什么是电器

凡是根据外界特定的信号和要求,自动或手动接通或断开电路,断续或连续地改变电路参数,实现对电路的切换、控制、保护、检测及调节的电气设备均称为电器。

三、电器的分类

1. 按工作电压高低分高压电器和低压电器；

2. 按动作方式分自动切换电器和非自动切换电器；

3. 按执行功能分触点电器和无触点电器；

4. 常用低压电器的分类。

低压控制电器主要用于机械电力传动系统中。传动系统的电器应具备工作准时可靠、操作频率高、使用寿命长、尺寸小及便于维护等特点。这类电器有继电器、接触器、行程开关、变阻器、电磁铁等。低压电器的种类繁多，按其结构用途及所控制的对象不同，可以有不同的分类方式。(1)按用途和控制对象不同，可将低压电器分为配电电器和控制电器。①用于低压电力网的配电电器。这类电器包括刀开关、转换开关、空气断路器及熔断器等。对配电电器的主要技术要求是断流能力强，限流效果佳；在系统发生故障时保护动作准确，工作可靠，有足够的热稳定性和动稳定性。②用于电力拖动及自动控制系统的控制电器。这类电器包括接触器、启动器及各种控制继电器等。对控制电器的主要技术要求是操作频率高、使用寿命长及有相应的转换能力。(2)按动作性质，可将低压电器分为自动切换电器和非自动切换电器。①自动切换电器是指完成接通、分断、启动、反向及停止等动作，是依赖它本身参数的变化或外来的电信号自动进行或完成的，而不是由人工直接操作的。常用的自动切换电器有自动开关、接触器等。②非自动切换电器又称手动电器，主要是用手直接操作来进行切换的，通过人力做功来完成接通、分断、启动、反向及停止等动作。常用的手动电器有刀开关、转换开关及主令电器等。

四、常用低压电器元件

1. 闸刀开关

控制对象:380v,5.5kw 以下电动机。

电路及文字符号如图 5－2－1 所示:

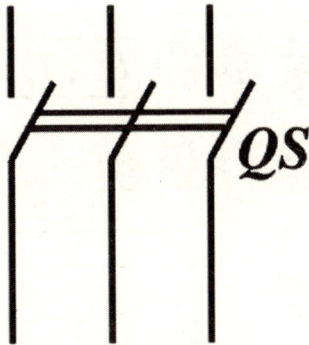

图 5－2－1

> 考虑到电机较大的起动电流，刀
> 闸的额定电流值应如下选择:
> (3~5)*异步电机额定电流

2. 熔断器

作用:用于短路保护。

电路及文字符号如图 5 - 2 - 2 所示：

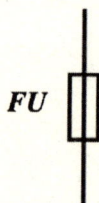

FU

图 5 - 2 - 2

熔体额定电流 I_F 的选择：

1. 无冲击电流的场合
（如电灯、电炉）　　$\boxed{I_F \geq I_L}$　　（稍大）

2. 空载电机　　$\boxed{I_F \geq \left(\dfrac{1}{2.5} \sim \dfrac{1}{3}\right)I_{st}}$

3. 频繁起动
的电机　　$\boxed{I_F \geq \left(\dfrac{1}{1.6} \sim \dfrac{1}{2}\right)I_{st}}$

异步电机的起动电流 $I_{st}=(5\sim7) \times$ 额定电流。

3. 控制按钮

（1）常开（动合）按钮

电路及文字符号如图 5 - 2 - 3 所示：

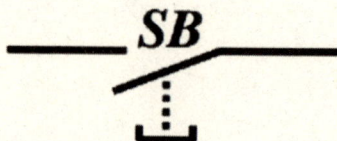

SB

图 5 - 2 - 3

结构示意图如图5-2-4所示：

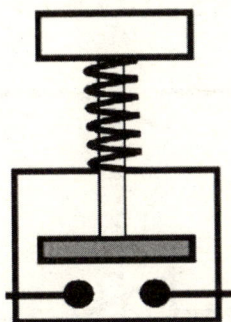

图5-2-4

(2)常闭(动断)按钮

电路及文字符号如图5-2-5所示：

图5-2-5

结构示意图如图5-2-6所示：

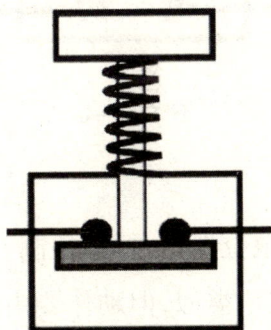

图5-2-6

（3）复合按钮

电路及文字符号如图 5 - 2 - 7 所示：

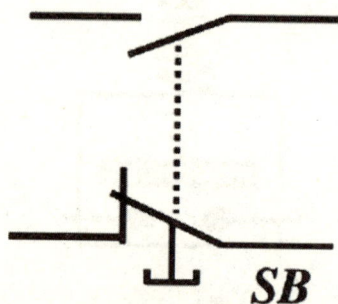

图 5 - 2 - 7

结构示意图如图 5 - 2 - 8 所示：

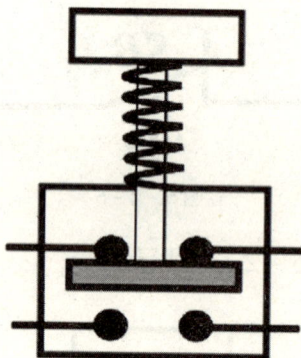

图 5 - 2 - 8

4. 行程开关

作用：用于电路的限位保护、行程控制、自动切换等。

行程开关结构与按钮类似，但动作要由机械撞击完成。

电路及文字符号如图 5 - 2 - 9 所示：

動合觸点   動断觸点

图 5 - 2 - 9

结构示意图如图 5 - 2 - 10 所示:

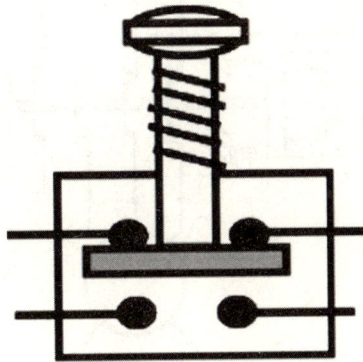

图 5 - 2 - 10

5. 交流接触器

接触器控制对象:电动机及其它电力负载。

电路及文字符号如图 5 - 2 - 11 所示:

线圈   主触点   辅助触点

图 5 - 2 - 11

接触器动作过程：

线圈通电→衔铁被吸合→触点闭合→电动机接通电源（如图 5 - 2 - 12 所示）：

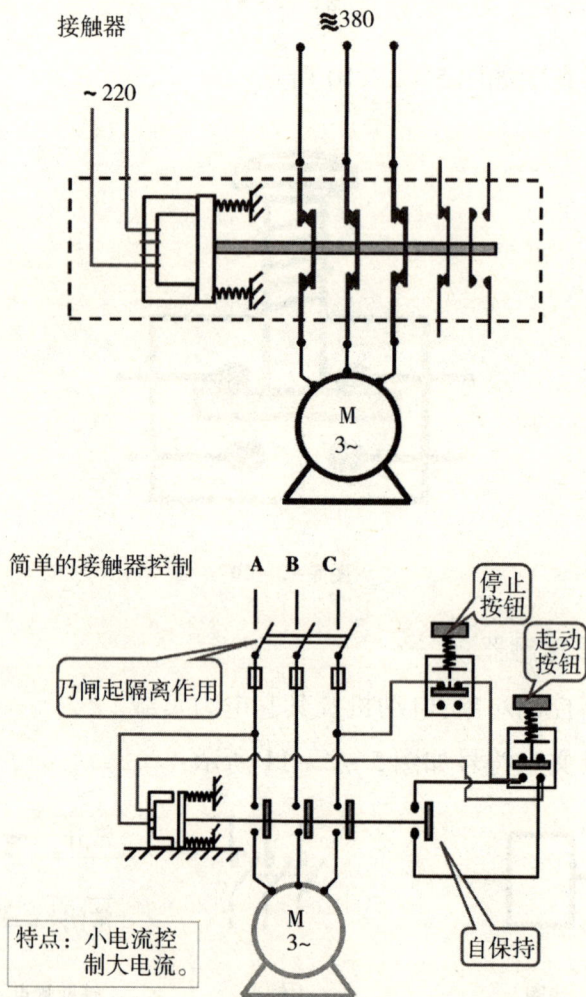

接触器

≈380

~ 220

M
3~

简单的接触器控制

A B C

刀闸起隔离作用

停止按钮

起动按钮

M
3~

自保持

特点：小电流控制大电流。

图 5 - 2 - 12

6. 继电器

继电器和接触器的工作原理一样。主要区别在于,触发器的主触头可以通过大电流,而继电器的触头只能通过小电流。所以,继电器只能用于控制电路中。

$$继电器类型: \begin{cases} 中间继电器 \\ 电压继电器 \\ 电流继电器 \\ 时间继电器(具用延时功能) \\ 热继电器(做过载保护) \end{cases}$$

热继电器的作用:一般过载保护。

电路及文字符号如图 5 - 2 - 13 所示:

发热元件 ⌐ **FR**　　　常闭触头 **FR**

串联在主电路中　　　　　　串联在控制电路中

图 5 - 2 - 13

实训工具及元件

序号	名称	型号及规格	单位	数量
1	万用表	MF—47	个	1/人
2	交流接触器	CJXI - 12/22,交流 220V	个	1/人
3	熔断器	RL1 - 15	只	4/人
4	熔断器熔体	RL1 - 1510A	只	3/人
5	熔断器熔体	RL1 - 152A	只	1/人

序号	名称	型号及规格	单位	数量
6	按钮	LAY1 - 11？22	只	2/人
7	断路器	DZ47 - 63/3P,15A	个	1/人
9	热继电器	JR36 - 20	个	1/人
10	闸刀开关			

学生利用万用表等工具对表格中的低压电器元件进行检测,要求能判断动合及计动断触点。

第三节　电动机点动控制电路

一、理论知识

点动正转控制线路是用按钮、接触器来控制电动机运转的最简单的正转控制线路。所谓点动控制是指:按下按钮,电动机就得电运转;松开按钮,电动机就失电停转。

典型的三相异步电动机的点动控制电气原理图如图 5 - 3 - 1 所示。

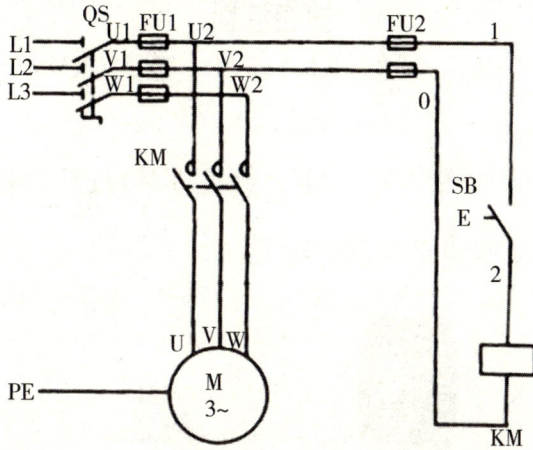

图 5 - 3 - 1

　　点动正转控制线路是由转换开关 QS、熔断器 FU、启动按钮 SB、接触器 KM 及电动机 M 组成。其中以转换开关 QS 作电源隔离开关,熔断器 FU 作短路保护,按钮 SB 控制接触器 KM 的线圈得电、失电,接触器 KM 的主触头控制电动机 M 的启动与停止。

　　点动控制原理:当电动机需要点动时,先合上转换开关 QS,此时电动机 M 尚未接通电源。按下启动按钮 SB,接触器 KM 的线圈得电,带动接触器 KM 的三对主触头闭合,电动机 M 便接通电源启动运转。当电动机需要停转时,只要松开启动按钮 SB,使接触器 KM 的线圈失电,带动接触器 KM 的三对主触头恢复断开,电动机 M 失电停转。在生产实际应用中,电动机的点动控制电路使用非常广泛,把启动按钮 SB 换成压力接点、限位节点、水位接点等,就可以实现各种各样的自动控制电路,控制小型电动机的自动运行。

动作过程

按下按钮(SB)⇨线圈(KM)通电⇨触头(KM)⇨闭合⇨电机转动

按钮松开⇨线圈(KM)断电⇨触头(KM)打开⇨电机停转

图5-3-2是点动控制实物图:

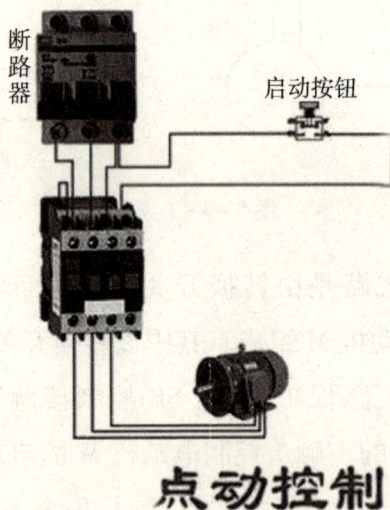

图5-3-2

二、实训练习

图5-3-3是元件安装布局图:

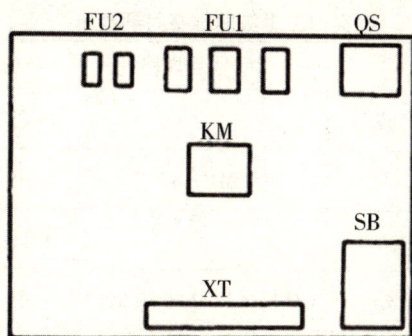

图 5 - 3 - 3

安全事项:

1. 穿戴好电工劳动保护用品。

2. 必须可靠连接配电板、电动机和金属外壳的保护接地线。

3. 接线时先接电动机绕组引线,再接电源引线。

实训操作要求:

1. 必须先画好电路接线图,固定好电气元件,再连接电路。

2. 主电路使用 BVR1.5mm² 绝缘导线,控制电路使用 BVR1.0mm²绝缘导线。

3. 导线要全部压入线槽内,冷压端子压接牢固,导线连接牢固,严禁损伤导线线芯和绝缘。

4. 检查熔断器熔体规格。

5. 接线完成后,整理电路并用万用表检查电路。

6. 同教师一起通电,进行目测检查、功能检查,评分并填好评分页(见实训评分页)。

学生按下表领取材料及元件后按照布线图配线:(时间:6h)

实训工量具即准备材料清单

序号	名称	型号及规格	单位	数量	备注
1	电工工具套装		套	1/人	
2	万用表	MF—47	个	1/人	
3	试电笔		只	1/人	
4	交流接触器	CJXI－12/22,交流220V	个	1/人	
5	三相异步电动机	Y系列,0.75KW	台	1/人	
6	熔断器	RL1－15	只	4/人	
7	熔断器熔体	RL1－15　10A	只	3/人	
8	熔断器熔体	RL1－15　2A	只	1/人	
9	按钮	LAY1－11　Ø22	只	2/人	红、绿各1
10	断路器	DZ47－63/3P,15A	个	1/人	
11	热继电器	JR36－20	个	1/人	参考电动机电流
12	绝缘导线	BVR1.0mm²	m	4/人	
13	绝缘导线	BVR1.5mm²	m	4/人	
14	接线端子		条		
15	电气安装导轨		m	0.5m/人	
16	线槽	35mm×35mm	m		
17	针式冷压端子	1.0mm　21.5mm²		若干	
18	开口式冷压端子	1.0mm　21.5mm²		若干	
19	螺钉套装			若干	

实训评分页

一、功能检查 评价等级 10、0 分

序号	检测项目	学生自评分	教师评分	对学生自评的评分
1	主电路连接正确			
2	控制电路连接正确			
3	实训在规定的时间内完成			
4	元器件无损坏			
学生自评分和教师评分不同得 0 分		结果		

二、目测检查 评分等级 10、9、7、5、3、0 分

序号	检测项目	学生自评分	教师评分	对学生自评的评分
1	元器件安装牢固			
2	配线型槽铺设整齐美观			
3	电路配线规范、美观			
4	冷压端子压接规范、牢固			
5	保护元器件选择合适			
6	工位干净整洁、工具摆放有序			
7	电路原理图绘制规范,标注完整			
8	工作原理叙述完整,条理清晰			

序号	评分组	结果	因子	中间值	系数	成绩
1	功能检查		0.4		0.4	
2	目测检查		0.8		0.4	
3	对学生功能检查的评分		0.4		0.1	
4	对学生目测检查的评分		0.8		0.1	
总计						

第四节 电动机连续(自锁)控制电路

一、理论知识

三相异步电动机的自锁控制线路如图5－4－1所示,和点动控制的主电路大致相同,但在控制电路中又串接了一个停止按钮SB1,在启动按钮SB2的两端并接了接触器KM的一对常开辅助触头。接触器自锁正转控制线路不但能使电动机连续运转,而且还有一个重要的特点,就是具有欠压和失压保护作用。它主要由按钮开关SB(起停电动机使用)、交流接触器KM(用做接通和切断电动机的电源以及失压和欠压保护等)、热继电器(用做电动机的过载保护)等组成。

欠压保护:"欠压"是指线路电压低于电动机应加的额定电压。"欠压保护"是指当线路电压下降到某一数值时,电动机能自动脱离电源电压停转,避免电动机在欠压下运行的一种保护。因为当线路电压下降时,电动机的转矩随之减小,电动机的转速也随之降低,从而使电动机的工作电流增大,影响电动机的正常运行,电压下降严重时还会引起"堵转"(即电动机接通电源但不转动)的现象,以致损坏电动机。采用接触器自锁正转控制线路就可避免电动机欠压运行,这是因为当线路电压下降到一定值(一般指低于额定电压85%以下)时,接触器线圈两端的电压也同样下降到一定值,从而使接触器线圈磁通减弱,产生的电磁吸力减小。当电磁吸力减小到小于反作用弹簧的拉力时,动铁心被迫释放,带动主触头、自锁触头同时断开,自动切断主电路和控制电路,电动机失电停转,达到欠压保护的目的。

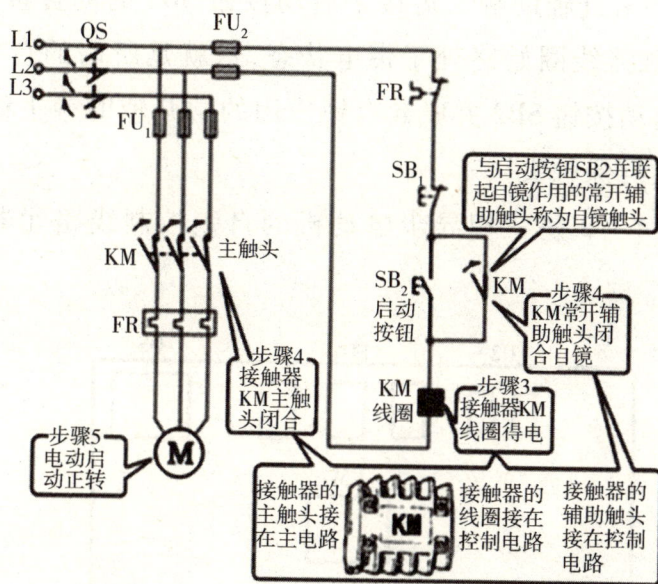

图5-4-1　三相异步电动机的自锁控制线路原理图

失压保护:失压保护是指电动机在正常运行中,由于外界某中原因引起突然断电时,能自动切断电动机电源。当重新供电时,保证电动机不能自行启动,避免造成设备和人身伤亡事故。采用接触器自锁控制线路,由于接触器自锁触头和主触头在电源断电时已经断开,使控制电路和主电路都不能接通。所以在电源恢复供电时,电动机就不能自行启动运转,保证了人身和设备的安全。

控制原理:当按下启动按钮 SB2 后,电源 U1 相通过热继电器 FR 动断接点、停止按钮 SB1 的动断接点、启动按钮 SB2 动合接点及交流接触器 KM 的线圈接通电源 V1 相,使交流接触器线圈带电而动作,其主触头闭合使电动机转动。同时,交流接触器 KM 的常开辅助触头短接了启动按钮 SB2 的动合接点,保持交流接触器线圈始终处于带电状态,这就是所谓的自锁(自保)。与启动按钮 SB2 并联起自锁作用的常开辅助触头称为自锁触头(或自保触头)。

图 5-4-2 是三相异步电动机的自锁控制线路元器件布局图:

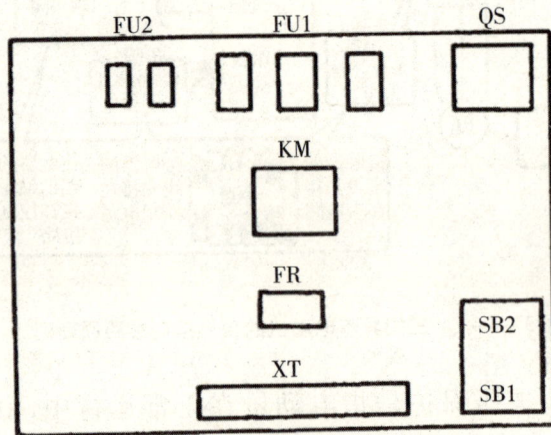

图 5-4-2

二、实训练习

图 5-4-3 是三相异步电动机的自锁控制线路实物图:

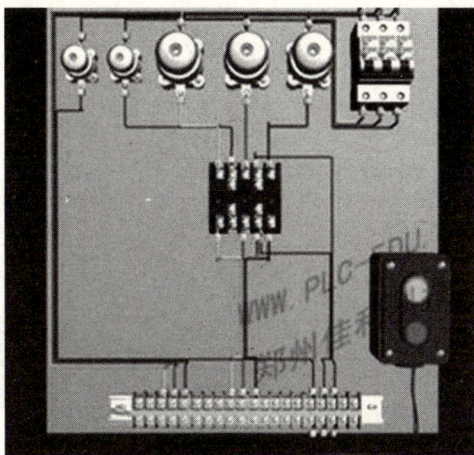

图5-4-3 三相异步电动机的自锁控制线路实物图

图5-4-4是三相异步电动机外部接线、起动、停止动作示意图：

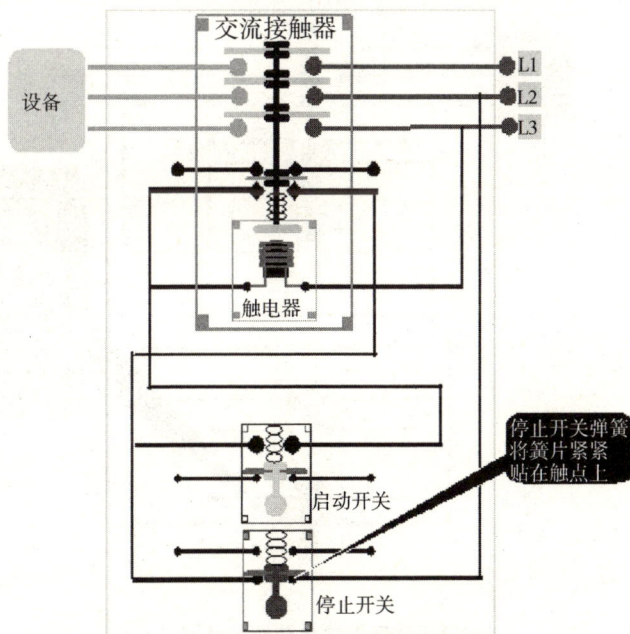

交流接触器结构与外部接线示意图

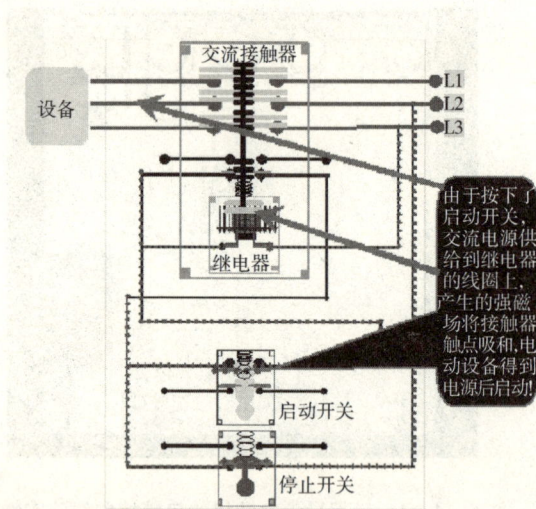

交流接触器启动动作示意图

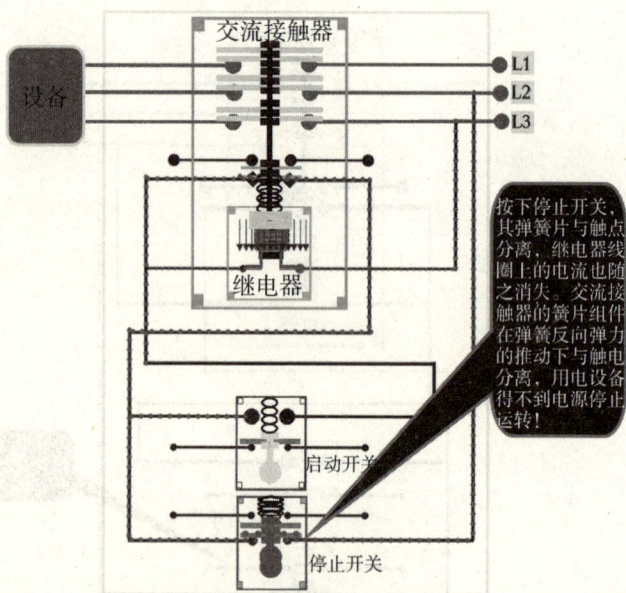

交流接触器停止动作示意图

图 5 - 4 - 4

96

学生按下表领取材料及元件后按照布线图配线:(时间:6h)

实训工量具即准备材料清单

序号	名称	型号及规格	单位	数量	备注
1	电工工具套装		套	1/人	
2	万用表	MF—47	个	1/人	
3	试电笔		只	1/人	
4	交流接触器	CJXI – 12/22,交流220V	个	1/人	
5	三相异步电动机	Y系列,0.75KW	台	1/人	
6	熔断器	RL1 – 15	只	4/人	
7	熔断器熔体	RL1 – 15　10A	只	3/人	
8	熔断器熔体	RL1 – 15　2A	只	1/人	
9	按钮	LAY1 – 11Ø22	只	2/人	红、绿各1
10	断路器	DZ47 – 63/3P,15A	个	1/人	
11	热继电器	JR36 – 20	个	1/人	参考电动机电流
12	绝缘导线	BVR1.0mm^2	m	4/人	
13	绝缘导线	BVR1.5mm^2	m	4/人	
14	接线端子		条		
15	电气安装导轨		m	0.5m/人	
16	线槽	35mm×35mm	m		
17	针式冷压端子	1.0mm^2　1.5mm^2		若干	
18	开口式冷压端子	1.0mm^2　1.5mm^2		若干	
19	螺钉套装			若干	

实训评分页

一、功能检查　　　　　　　　　　　　　　　　　　　　评价等级 10、0 分

序号	检测项目	学生自评分	教师评分	对学生自评的评分
1	主电路连接正确			
2	控制电路连接正确			
3	实训在规定的时间内完成			
4	元器件无损坏			
学生自评分和教师评分不同得 0 分		结果		

二、目测检查　　　　　　　　　　　　　　　　　评分等级 10、9、7、5、3、0 分

序号	检测项目	学生自评分	教师评分	对学生自评的评分
1	元器件安装牢固			
2	配线型槽铺设整齐美观			
3	电路配线规范、美观			
4	冷压端子压接规范、牢固			
5	保护元器件选择合适			
6	工位干净整洁、工具摆放有序			
7	电路原理图绘制规范,标注完整			
8	工作原理叙述完整,条理清晰			

序号	评分组	结果	因子	中间值	系数	成绩
1	功能检查		0.4		0.4	
2	目测检查		0.8		0.4	
3	对学生功能检查的评分		0.4		0.1	
4	对学生目测检查的评分		0.8		0.1	
总计						

第五节　电动机正反转(接触器互锁)控制电路

一、理论知识

　　三相异步电动机接触器联锁的正反转控制的电气原理图如图 5－5－1 所示。线路中采用了两个接触器,即正转用的接触器 KM1 和反转用的接触器 KM2,它们分别由正转按钮 SB2 和反转按钮 SB3 控制。这两个接触器的主触头所接通的电源相序不同,KM1 按 L1—L2—L3 相序接线,KM2 则对调了两相的相序。控制电路有两条,一条由按钮 SB2 和 KM1 线圈等组成的正转控制电路;另一条由按钮 SB3 和 KM2 线圈等组成的反转控制电路。

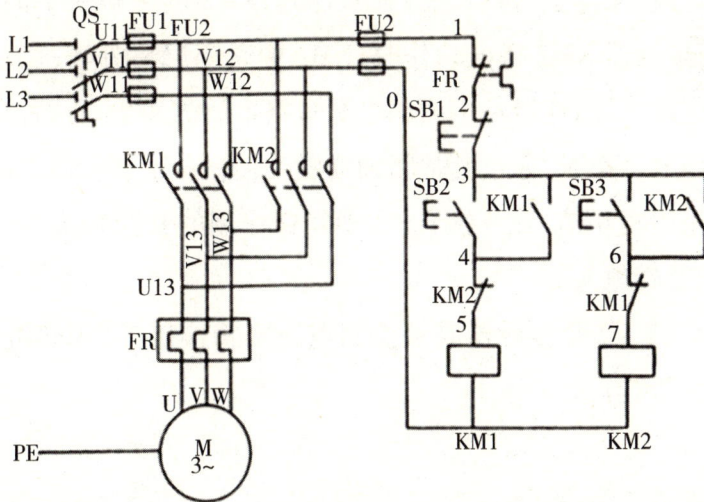

图 5－5－1　接触器联锁控制电路原理图

控制原理:当按下正转启动按钮 SB2 后,电源相通过热继电器 FR 的动断接点、停止按钮 SB1 的动断接点、正转启动按钮 SB2 的动合接点、反转交流接触器 KM2 的常闭辅助触头、正转交流接触器线圈 KM1,使正转接触器 KM1 带电而动作,其主触头闭合使电动机正向转动运行,并通过接触器 KM1 的常开辅助触头自保持运行。反转启动过程与上面相似,只是接触器 KM2 动作后,调换了两根电源线 U、W 相(即改变电源相序),从而达到反转目的。

互锁原理:接触器 KM1 和 KM2 的主触头决不允许同时闭合,否则造成两相电源短路事故。为了保证一个接触器得电动作时,另一个接触器不能得电动作,以避免电源的相间短路,就在正转控制电路中串接了反转接触器 KM2 的常闭辅助触头,而在反转控制电路中串接了正转接触器 KM1 的常闭辅助触头。当接触器 KM1 得电动作时,串在反转控制电路中的 KM1 的常闭触头分断,切断了反转控制电路,保证了 KM1 主触头闭合时,KM2 的主触头不能闭合。同样,当接触器 KM2 得电动作时,KM2 的常闭触头分断,切断了正转控制电路,可靠地避免了两相电源短路事故的发生。这种在一个接触器得电动作时,通过其常闭辅助触头使另一个接触器不能得电动作的作用叫联锁(或互锁)。实现联锁作用的常闭触头称为联锁触头(或互锁触头)。

图 5 - 5 - 2 是接触器联锁控制电路实物连接图(无热继电器、主电路熔断器):

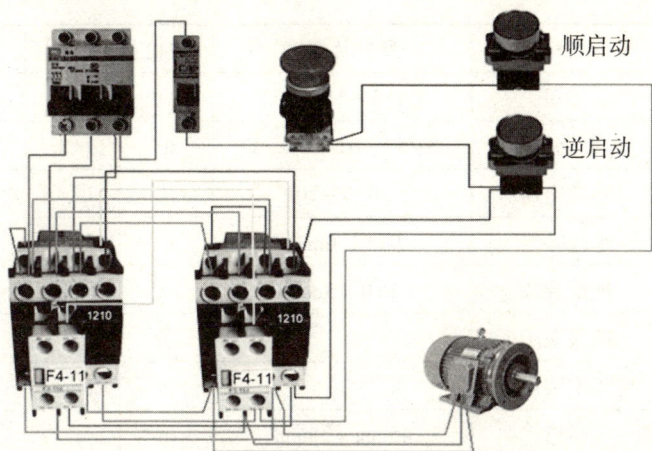

F4-11：左为常开、右为常闭触点

图5-5-2　接触器联锁控制电路实物连接图（无热继电器、主电路熔断器）

二、实训练习

工量具及材料准备清单

序号	名称	型号及规格	单位	数量	备注
1	电工工具套装		套	1/人	
2	万用表	MF—47	个	1/人	
3	试电笔		只	1/人	
4	交流接触器	CJXI - 12/22，交流220V	个	1/人	
5	三相异步电动机	Y系列，0.75KW	台	1/人	
6	熔断器	RL1 - 15	只	4/人	
7	熔断器熔体	RL1 - 15　10A	只	3/人	
8	熔断器熔体	RL1 - 15　2A	只	1/人	

续表

序号	名称	型号及规格	单位	数量	备注
9	按钮	LAY1 – 11　Ø22	只	3/人	红、绿、黑各1
10	断路器	DZ47 – 63/3P,15A	个	1/人	
11	热继电器	JR36 – 20	个	1/人	参考电动机电流
12	绝缘导线	BVR1.0mm²	m	5/人	
13	绝缘导线	BVR1.5mm²	m	5/人	
14	接线端子		条		
15	电气安装导轨		m	0.5m/人	
16	线槽	45mm×35mm	m		
17	针式冷压端子	1.0mm²　1.5mm²		若干	
18	开口式冷压端子	1.0mm²　1.5mm²		若干	
19	螺钉套装			若干	

实训评分页

一、功能检查			评价等级 10、0 分	
序号	检测项目	学生自评分	教师评分	对学生自评的评分
1	主电路连接正确			
2	正转控制电路连接正确			
3	反转控制电路连接正确			
4	实训在规定的时间内完成			
5	元器件无损坏			
学生自评分和教师评分不同得 0 分		结果		

二、目测检查			评分等级 10、9、7、5、3、0 分	
序号	检测项目	学生自评分	教师评分	对学生自评的评分
1	元器件安装牢固			
2	配线型槽铺设整齐美观			

续表

序号	检测项目	学生自评分	教师评分	对学生自评的评分
3	电路配线规范、美观			
4	冷压端子压接规范、牢固			
5	保护元器件选择合适			
6	工位干净整洁、工具摆放有序			
7	电路原理图绘制规范,标注完整			
8	工作原理叙述完整,条理清晰			

序号	评分组	结果	因子	中间值	系数	成绩
1	功能检查		0.5		0.4	
2	目测检查		0.8		0.4	
3	对学生功能检查的评分		0.5		0.1	
4	对学生目测检查的评分		0.8		0.1	
总计						

第六节 三相异步电动机降压起动电路

一、理论知识

电动机起动电流大约是其额定电流的 5 倍,大功率电动机起动电流很大,会对电网造成较大冲击,为保证电网电压的稳定,大功率电动机起动时多采用降压起动电路,降压起动电路一般有:Y—Δ起动控制、自耦降压起启动控制、转子串电阻起动控制(能耗起动)电路。

（一）三相异步电动机的 Y—Δ 起动自动控制

如图 5 - 6 - 1 所示是三相异步电动机的 Y—Δ 起动自动控制电路：

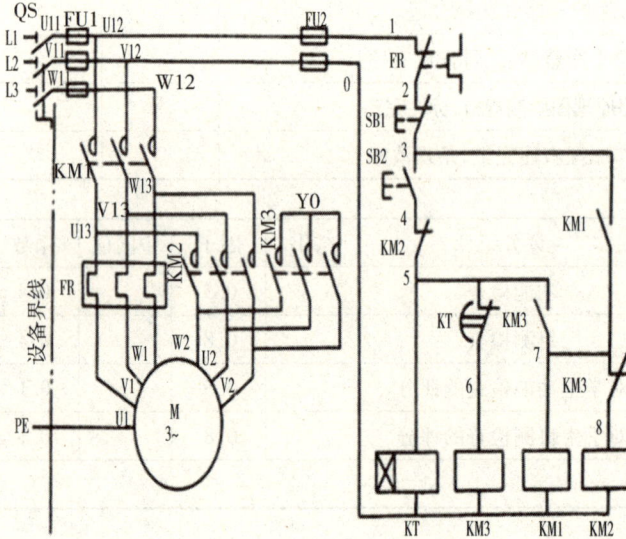

图 5 - 6 - 1

主要元器件介绍：

a. 起动按钮（SB2）。手动按钮开关,可控制电动机的起动运行。

b. 停止按钮（SB1）。手动按钮开关,可控制电动机的停止运行。

c. 主交流接触器（KM1）。电动机主运行回路用接触器,起动时通过电动机起动电流,运行时通过正常运行的线电流。

d. Y 形连接的交流接触器（KM3）。用于电动机起动时作 Y 形连接的交流接触器,起动时通过 Y 形连接降压起动的线电流,起动结束后停止工作。

e. Δ 形连接的交流接触器(KM2)。用于电动机起动结束后恢复 Δ 形连接作正常运行的接触器,通过绕组正常运行的相电流。

f. 时间继电器(KT)。控制 Y—Δ 变换起动的起动过程时间(电机起动时间),即电动机从起动开始到额定转速及运行正常后所需的时间。

g. 热继电器(或电机保护器 FR)。热继电器主要设置有三相电动机的过负荷保护;电机保护器主要设置有三相电动机的过负荷保护、断相保护、短路保护和平横保护等。

控制原理:

a. 按下启动按钮 SB2 后,电源通过热继电器 FR 的动断接点、停止按钮 SB1 的动断接点、Δ 形连接交流接触器 KM2 常闭辅助触头,接通时间继电器 KT 的线圈使其动作并延时开始。此时时间继电器 KT 虽已动作,接点应断开,但其延时接点是瞬间闭合延时断开的(延时结束后断开),同时通过此 KT 延时接点去接通 Y 形连接的交流接触器 KM3 的线圈回路,则交流接触器 KM3 带电动作,其主触头去接通三相绕组,使电动机处于 Y 形连接的运行状态;KM3 辅助常开触头闭合去接通主交流接触器 KM1 的线圈。

b. 主交流接触器 KM1 带电启动后,其辅助触头进行自保持功能(自锁功能);而 KM1 的主触头闭合去接通三相交流电源,此时电动机启动过程开始。

c. 当时间继电器 KT 延时断开接点(动断接点)KT 的时间达到

（或延时到）电动机启动过程结束时间后，时间继电器 KT 接点随即断开。

　　d. 时间继电器 KT 接点断开后，则交流接触器 KM3 失电。KM3 主触头切断电动机绕组的 Y 形连接回路；同时接触器 KM3 的常闭辅助触头闭合，去接通 △ 形连接交流接触器 KM2 的线圈电源。

　　e. 当交流接触器 KM2 动作后，其主触头闭合，使电动机正常运行于 △ 形连接状态；而 KM2 的常闭辅助触头断开使时间继电器 KT 线圈失电，并对交流接触器 KM3 联锁。电动机处于正常运行状态。

　　f. 启动过程结束后，电动机按 △ 形连接正常运行。

时间继电器元件名称及符号

		通　电　式	断　电　式
瞬时动作	常闭触点		
	常开触点		
延时动作	常开通电后延时闭合		常闭断电后延时闭合
	常闭通电后延时断开		常开断电后延时断开

时间继电器的结构示意图如图 5 - 6 - 2 所示：

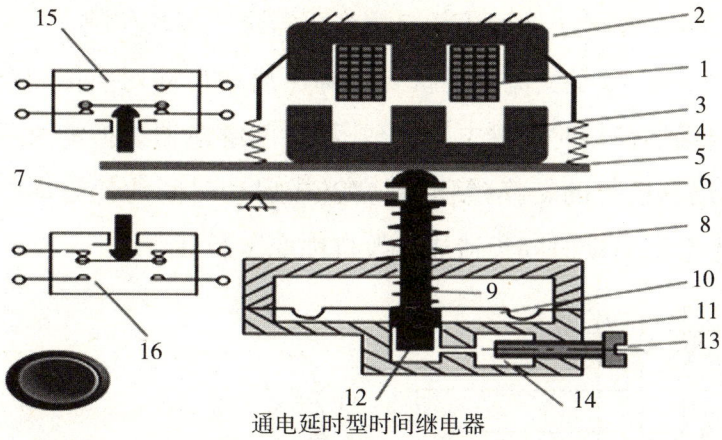

通电延时型时间继电器

1. 线圈　2. 铁心　3. 衔铁　4. 反力弹簧　5. 推板

6. 活塞杆　7. 杠杆　8. 塔形弹簧　9. 弱弹簧　10. 橡皮膜

11. 空气室壁　12. 活塞　13. 调节螺杆　14. 进气孔

15、16 微动开关

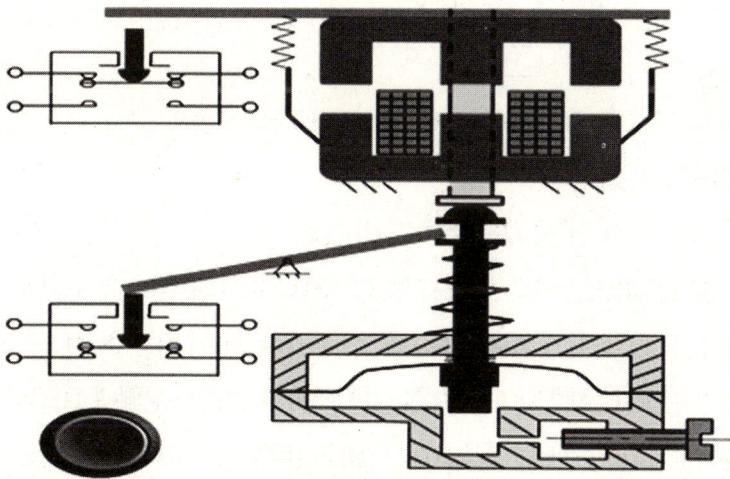

断电延时型时间继电器

图 5 - 6 - 2

（二）三相异步电动机的自耦变压器降压起动控制

图 5-6-3 是交流电动机自耦降压启动自动切换控制电路原理图，自动切换靠时间继电器完成，用时间继电器切换能可靠地完成由启动到运行的转换过程，不会造成启动时间的长短不一的情况，也不会因启动时间长造成烧毁自耦变压器事故。

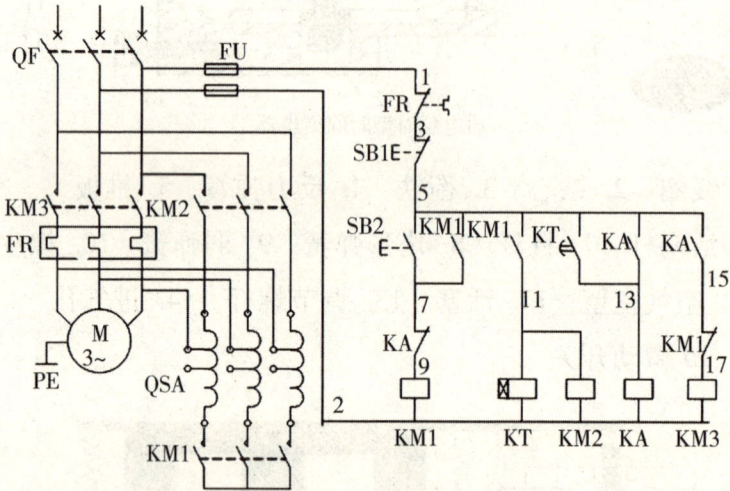

图 5-6-3 电动机自耦降压起动原理图

控制过程如下：

a. 合上空气开关 QF 接通三相电源。

b. 按启动按钮 SB2 交流接触器 KM1 线圈通电吸合并自锁，其主触头闭合，将自耦变压器线圈接成星形，与此同时由于 KM1 辅助常开触点闭合，使得接触器 KM2 线圈通电吸合，KM2 的主触头闭合由自耦变压器的低压低压抽头（例如65%）将三相电压的65%接入电动。

c. KM1 辅助常开触点闭合，使时间继电器 KT 线圈通电，并按已整定好的时间开始计时，当时间到达后，KT 的延时常开触点闭合,使中间继电器 KA 线圈通电吸合并自锁。

d. 由于 KA 线圈通电,其常闭触点断开使 KM1 线圈断电,KM1 常开触点全部释放,主触头断开,使自耦变压器线圈封星端打开;同时 KM2 线圈断电,其主触头断开,切断自耦变压器电源。KA 的常闭触点闭合,通过 KM1 已经复位的常闭触点,使 KM3 线圈得电吸合,KM3 主触头接通电动机在全压下运行。

e. KM1 的常开触点断开也使时间继电器 KT 线圈断电,其延时闭合触点释放,也保证了在电动机启动任务完成后,使时间继电器 KT 可处于断电状态。

f. 欲停车时,可按 SB1 则控制回路全部断电,电动机切除电源而停转。

g. 电动机的过载保护由热继电器 FR 完成。

电动机自耦降压起动实物接线图如图 5 - 6 - 4 所示:

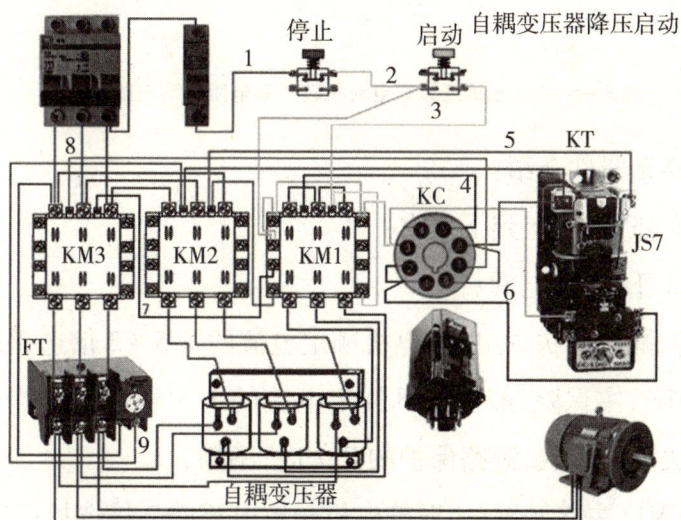

图 5 - 6 - 4 电动机自耦降压起动实物接线图

（三）三相绕线式异步电动机转子串电阻起动

三相绕线式电动机转子串电阻启动电路原理图如图 5 － 6 － 5 所示：

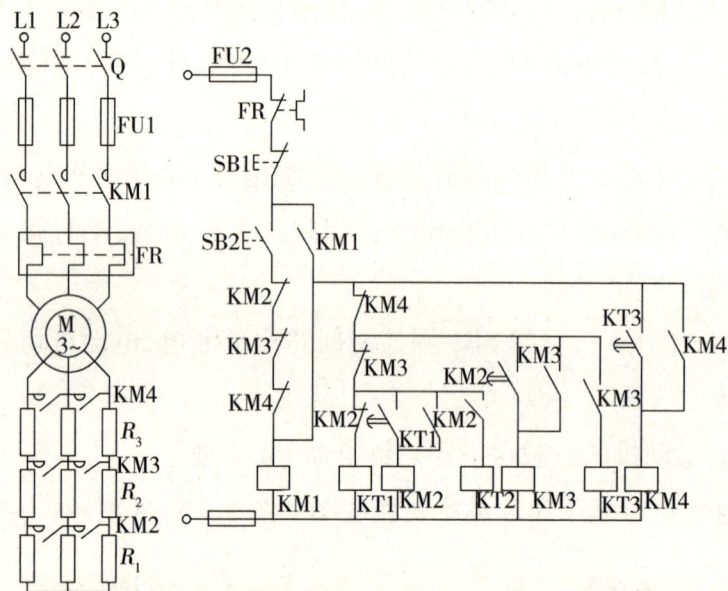

图 5 －6－5　三相绕线式电动机转子串电阻启动电路原理图

主要元器件介绍：

一次部分：从上到下依次：

a. L1、L2、L3，电源；

b. Q，隔离开关，一般按电机额定电流的 1.5 ~ 2 倍选择；

c. FU1，主保险，般按电机额定电流的 1.5 倍选择，（当 Q 采用空气开关等有过载、短路保护的开关时，不用）；

d. KM1，主接触器，一般按电机额定电流的 2 倍选择；

e. 热继电器，（当 Q 采用空气开关等有过载、短路保护的开关

时,不用);

f. M、电动机,一般是大容量的电动机才采用转子串电阻启动

7、R1. R2. R3 等,启动电阻,组成限流电阻箱;

g. KM2、KM3、KM4 等,启动接触器常开触点。

二次部分,从上到下依次:

a. FU2,二次保险(5—10A);

b. SB1,停止按钮;

c. SB3,启动按扭;

d. KM1. KM2. KM3. KM4 等,接触器线圈、常开或常闭触点;

e. KT1. KT2. KT3 等,时间继电器的线圈、触点;

f. 接线端子排。

工作原理:上图为三相绕线式异步电动机转子串电阻启动控制电路图。为了限制启动电流,该电路用 3 个时间继电器 KT1、KT2、KT3 分别控制 3 个接触器 KM1、KM2、KM3 按顺序依次吸合,自动切除转子绕组中的三级电阻。启动时,合上电源开关 QS,按下按钮 SB1,接触器 KM 吸合,串入全部电阻(R1 + R2 + R3)启动;在启动 3s 后,接触器 KM1 主触头闭合,切除第一组电阻 R1,剩下电阻(R2 + R3);经过 1s 后,接触器 KM2 主触头闭合,切除第二组电阻 R2,剩下电阻 R3;再过 1s 后,接触器 KM3 主触头闭合,切除第三组电阻 R3,转子串接电阻全部切除,电动机 M 启动完毕,正常工作。

二、实训练习

安全事项：

1. 穿戴好电工劳动保护用品。

2. 必须可靠连接配电板、电动机和金属外壳的保护接地线。

3. 接线时先接电动机绕组引线，再接电源引线。

实训操作要求：

1. 必须先画好电路接线图，固定好电气元件，再连接电路。

2. 主电路使用 BVR1.5mm^2 绝缘导线，控制电路使用 BVR1.0mm^2 绝缘导线。

3. 导线要全部压入线槽内，冷压端子压接牢固，导线连接牢固，严禁损伤导线线芯和绝缘。

4. 检查熔断器熔体规格。

5. 接线完成后，整理电路并用万用表检查电路。

6. 同教师一起通电，进行目测检查、功能检查，评分并填好评分页（见实训评分页）。

定子绕组串电阻降压起动控制电路接线图如图 5 - 6 - 6 所示：

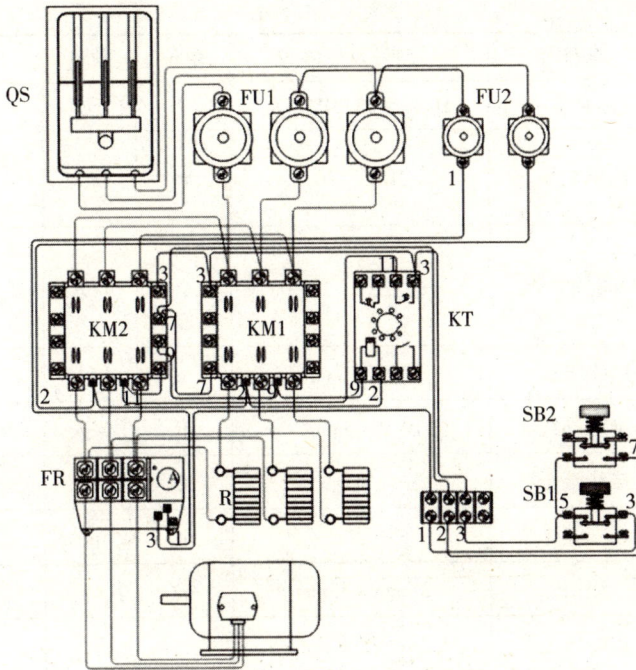

图 5 – 6 – 6 定子绕组串电阻降压起动控制电路接线图

工量具及材料准备清单

序号	名称	型号及规格	单位	数量	备注
1	电工工具套装		套	1/人	
2	万用表	MF—47	个	1/人	
3	试电笔		只	1/人	
4	交流接触器	CJXI – 12/22,交流220V	个	2/人	
5	三相异步电动机	Y系列,0.75KW	台	1/人	
6	熔断器	RL1 – 15	只	4/人	
7	熔断器熔体	RL1 – 15 10A	只	3/人	
8	熔断器熔体	RL1 – 15 2A	只	1/人	
9	按钮	LAY1 – 11 Ø22	只	2/人	红、绿各1

续表

序号	名称	型号及规格	单位	数量	备注
10	断路器	DZ47－63/3P,15A	个	1/人	
11	热继电器	JR36－20	个	1/人	参考电动机电流
12	时间继电器		个	4/人	通电延时型、断电延时型各两个
13	绝缘导线	BVR1.0mm^2	m	4/人	
14	绝缘导线	BVR1.5mm^2	m	4/人	
15	接线端子		条		
16	电气安装导轨		m	0.5m/人	
17	线槽	35mm×35mm	m		
18	针式冷压端子	1.0mm^2 1.5mm^2		若干	
19	开口式冷压端子	1.0mm^2 1.5mm^2		若干	
20	螺钉套装			若干	
21	电阻		个	9个/人	

实训评分页

一、功能检查 　　　　　　　　　　　　　　　　　　　　评价等级 10、0 分

序号	检测项目	学生自评分	教师评分	对学生自评的评分
1	主电路连接正确			
2	控制电路连接正确			
3	实训在规定的时间内完成			
4	元器件无损坏			
学生自评分和教师评分不同得 0 分		结果		

续表

| 二、目测检查 | | | 评分等级 10、9、7、5、3、0 分 | |

序号	检测项目	学生自评分	教师评分	对学生自评的评分
1	元器件安装牢固			
2	配线型槽铺设整齐美观			
3	电路配线规范、美观			
4	冷压端子压接规范、牢固			
5	保护元器件选择合适			
6	工位干净整洁、工具摆放有序			
7	电路原理图绘制规范,标注完整			
8	工作原理叙述完整,条理清晰			

序号	评分组	结果	因子	中间值	系数	成绩
1	功能检查		0.4		0.4	
2	目测检查		0.8		0.4	
3	对学生功能检查的评分		0.4		0.1	
4	对学生目测检查的评分		0.8		0.1	
总计						